环境艺术创意设计趋势研究

王 莎 著

U0209610

天津出版传媒集团

天津人民美术出版社

图书在版编目（CIP）数据

环境艺术创意设计趋势研究 / 王莎著. -- 天津 ：
天津人民美术出版社，2023.9
ISBN 978-7-5729-1354-9

Ⅰ．①环… Ⅱ．①王… Ⅲ．①环境设计－研究 Ⅳ.
①TU-856

中国国家版本馆CIP数据核字(2023)第171968号

环境艺术创意设计趋势研究

HUANJING YISHU CHUANGYI SHEJI QUSHI YANJIU

出 版 人：杨惠东
责任编辑：刁子勇
助理编辑：孙　悦
技术编辑：何国起　姚德旺
出版发行：天津人民美术出版社
社　　址：天津市和平区马场道 150 号
邮　　编：300050
电　　话：(022)58352900
网　　址：http://www.tjrm.cn
经　　销：全国新华书店
印　　刷：定州启航印刷有限公司
开　　本：700 毫米×1000 毫米　1/16
版　　次：2023 年 9 月第 1 版　第 1 次印刷
印　　张：11.75
印　　数：1—500
定　　价：69.80 元

前　　言

所谓环境，是指人类赖以生存的周边空间。从活动功能而言，有居住、生产、办公、学习、运动、通信、交通、休闲等。环境设计，从本质上讲是一种具有功能性、创作思维活动的过程。它可以使人从不同的角度去认识和理解事物，还能不断地突破先前的惯性思维方式，创造出一种新颖的设计方式。

设计源于生活，又服务于生活。对于设计进行思考与研究，必须从观察生活、体验生活开始。在社会信息化的过程中，设计已渗入生活的各个领域。设计的本质在于发现生活、优化生活、解决生活实际问题并使之审美化。设计的独特表现形式使美学这个主题更加广泛、更加深入地介入人们的生活中，设计既是物质的活动也是精神的活动，更是人们生活构成中不可或缺的一部分。

本书立足于对环境艺术创新的认识，针对环境艺术设计概论与审美意象、环境艺术的设计创新进行了分析研究；另外，对多维领域的环境艺术设计做了一定的介绍；最后对环境艺术设计创新发展做了一定的分析。在此基础上指出了环境艺术中创意思维应有的表现形式及其发展方向，希望对促进环境艺术设计的健康稳定的发展有所裨益。

需要说明的是，环境艺术创意设计所涵盖的范围非常广泛，并不止于本书的内容。同时，对于书中的某些设计方法，还需要设计者们综合多种因素，灵活运用。

在本书的写作过程中，作者花费了大量时间，翻阅了大量资料，并且就有些问题咨询了相关的专家，以求提高本书的价值。但是，由于作者能力有限，本书可能还存在许多不足之处，希望广大读者批评指正。最后，诚挚地感谢在本书的写作过程中给予作者帮助的广大亲友！

目　　录

第一章
环境艺术设计概论

第一节 环境艺术设计概念与范畴

一、环境艺术设计的含义

"环境"二字，其含义十分广泛。从广义上来讲，"环境"是指围绕着主体的周边事物，尤其是人或生物周围，包括相互影响作用的外界。我们通常所说的环境是指相对于人的外部世界，即主要是和人产生关联的环境，包括自然环境、人工环境、社会环境。自然环境，是指自然界中原有的山川、河流、地形、地貌、植被等自然构成的系统；人工环境，是指由人主观创造的实体环境，包括城市、乡村的建筑、道路、广场等人类生存与生活的系统；社会环境，是指人创造的非实体环境，由社会结构、生活方式、价值观念和历史传统等所构成的整个社会文化体系。三者的共同作用与协调发展构成了我们的现实生活环境。随着人类社会的不断发展，"环境"这一概念的范畴也在不断地发生变化，并随着人类活动领域的日益扩大而不断增添着新的内涵。

工业文明给人类带来了前所未有的社会发展。但伴随着工业化的进程，人们赖以生存的自然环境亦不断遭到严重的掠夺与破坏，自然生态资源日益枯竭，环境质量急剧恶化，污染日益严重。这时，人们开始觉醒并关注自己周围的环境。因此，1992 年联合国在里约热内卢召开了环境与发展大会，提出了"可持续发展"的理论，其核心思想是：在不危及后代人需要的前提下寻求满足我们当代人需求的发展途径。可持续发展的思想在世界范围内达成共识，并逐渐成为各国发展决策的理论基础。在这样的背景下，现代环境艺术设计应运而生。

环境艺术设计是建立在现代科学研究基础之上，研究人与环境关系问题的学科。环境艺术不同于纯欣赏的艺术，是借助于物质科学技术手段，以艺术的表现形式来创造人类生存与生活的空间环境。它始终与使用者联系在一起，是一门实用与艺术相结合的空间艺术。例如，人在空间中从事工作、学习、休息、娱乐、购物、交往、交通等一系列的活动，均属于空间环境设计中要研究的内容。

与建筑艺术一样，环境艺术的最终形成离不开各种结构、技术、材料、设备、工艺、资金等实施条件，离开这些条件，真正的、完整的环境艺术就无从谈起。同时，随着社会的发展，人们价值观念的转变与审美意识的提高，需要通过更多元化的环境艺术表现形式来改变和提高生活品质，这些都促使现代设计师需要更加注重科学技术与环境艺术设计的结合，并且积极地进行新技术、新材料、新结构等科学技术的开发与艺术美的创造。从这个角度来说，环境艺术也是一门科学技术与美的创造紧密结合的艺术。例如，我国的水立方、鸟巢、国家大剧院等建筑设计，均是以其新结构、新材料、新技术完美结合的造型设计所呈现出独特的魅力震撼了国人，也震撼了世界。

环境艺术这种人为的艺术创造，虽然建立于自然环境之外，却不能脱离自然环境的本体，它必须植根于自然环境，并与之共融共生。如果环境艺术的创造需对森林植被、气候、水源、生物等自然生态资源进行无节制的利用和破坏的话，不仅将重蹈工业文明时代的覆辙，也背离了现代环境艺术的科学性、艺术性及可持续发展的本质。因此，环境艺术设计要采取与自然和谐的整体观念去构思，以生态学思想和生态价值观为主要原则，充分考虑人类居住环境可持续发展的需求，成为与自然共生的生态艺术。

环境艺术设计是以人为核心进行的设计，其最终目的是为人提供适宜的生存与活动的场所，把人对环境的需求，即物质与精神的需求放在设计的首位。环境艺术设计注重对人体工程学、环境心理学、行为学等方面的研究，科学深入地了解并掌握人的生理、心理特点和要求，在满足人们物质需求的基础上，使人们心理、审美、精神、人文思想等方面的需求得以满足，让使用者充分感受到人性的关怀，使其精神意志能够得到完美的体现。它综合地解决人对空间环境的使用功能、经济效益、舒适美观、环境氛围等方面的问题。所以，环境艺术是"以人为本"的艺术。例如，在进行环境艺术设计的过程中，通常会认真考虑使用者的特点和不同要求，即根据其不同的年龄、职业、文化背景、喜好等方面问题的研究作为设计的切入点，还要考虑当地气候、植被、土壤、卫生状况等自然环境的特点。另外，在一些公共环境中，常会看到盲道、残疾人专用通道等人性化的无障碍设计，为残障人士提供舒适、方便、安全的保证，这不仅是环境艺术设计，也是现代社会文明的体现，即体现了对弱势群体的关怀。

任何一种艺术都不可能孤立地存在，环境艺术也不例外。它是一门既边缘又综合的艺术学科，它涉及的学科领域广泛，主要有建筑学、城市规划、景观设计学、设计美学、环境美学、生态学、环境行为学、人体工程学、环境心理学、社会学、文化学等，环境艺术设计与这些学科的内容形成了交叉与融合，共同构成了外延广阔、内涵丰富的现代环境艺术设计这门学科。因此，这就要求设计师必须具备系统扎实的专业基础理论知识及广博的相关学科知识底蕴做支撑，具备良好的环境整体意识和综合审美素质，掌握系统设计的方法与技能，具有创造性思维和综合表达的能力，才能真正地为人们创造出理想的、高品质的生活环境。

二、环境艺术设计的范畴

环境艺术设计的范畴，微观到一件陈设品、一间居室的设计，宏观到建筑、广场、园林、城市的设计。如同一把大伞，涵盖了几乎所有的艺术与设计专业领域。环境艺术的实践与人影响其周围环境功能的能力，赋予环境视觉秩序的能力，以及提高人类居住环境质量和装饰水平的能力是紧密地联系在一起的。

从狭义上讲，环境艺术设计主要包括室内和室外环境设计。室内环境艺术指的是以室内空间界面、家具、陈设等诸要素为对象进行的空间设计；室外环境设计指的是以建筑、广场、道路、绿化、各种环境设施等诸要素为对象进行的组合设计。在这里，无论是室内还是室外环境设计，设计者不仅要对构成环境的各要素进行单体的设计，更要对各要素之间彼此制约、互相衬托的整体关系进行合理的组织与规划，才能体现出设计者独特的创意与构思。

第二节　现代环境艺术设计的特征

环境艺术是一门多学科互助的系统艺术，涉及城市规划、建筑学、社会学、美学、人体工程学、心理学、人文地理学、物理学、生态学、艺术学等多个学科领域。在环境艺术设计的范畴内，这些学科相互构筑成一个完整的体系。由此，环境艺术设计的发展也受到诸多因素的影响，其特征如下。

一、现代环境艺术设计观念的特征

季羡林先生说："东方哲学思想重综合，就是整体概念和普遍联系，即要求全面考虑问题。"而钱学森先生也曾说过："21世纪是一个整体的世界。"实际上，整体化也是环境艺术设计的首要观点。

环境艺术观念发展的客观化水准往往取决于一件作品是否能与客观条件和自然环境建立持久的协调关系，这与艺术家从事单纯自我造型艺术的创作不同；环境艺术是多学科并存的关系艺术，环境艺术设计将城市、建筑、室内外空间、园林、广告、灯具、标志、小品、公共设施等看成一个多层次、有机结合的整体，它面临的虽然是具体的、相对单一的设计问题，但在解决问题时还是要兼顾整体环境的统一协调。在进行整体设计时，还需面对节能与环保、可循环与高信息、开放与封闭系统的循环、提高材料恢复率、强大的自动调节性、多用途、多样性与多功能、生态美学等一系列问题。相对于环境的功效方面和美学领域，社会经济因素则是重头戏，其最终将集中反映于环境效益问题。比如，大多数城市景观的设计都是在原有的基础上进行改进的，而环境的根本性变化则须由雄厚的资金来支撑。如果对环境综合效益缺乏研究且没有整体计划以及更高层次的思考创新，就会造成大量资金无价值的消耗以及高昂的后期维护费用等问题，还会给环境的进一步改善带来沉重的包袱。

对于西方的现代主义思想影响下的环境设计，由于社会经济积累具有了相当的基础，可以把功能及造价的问题不放在首要的位置上进行环境艺术设计的考虑。但是，中国今天的"现代主义设计"则必须在充分考虑功能及造价的前提下表现个性，并且综合地、全面地看待个性在营造环境中的作用，把技术与人文、技术与经济、技术与美学、技术与社会、技术与生态等各种因素综合分析，因地制宜地处理理想与客观条件之间的关系，以求得最大的经济效益、社会效益和环境效益；以动态的视点，沿着生命运动的轨迹，把这些相关因素科学地、合理地组合起来，是使环境艺术设计实现可行性的一种最佳途径。

因此，我们在设计时需要有整体的设计观念。无论是区域环境设计，还是建筑小品构想，都要放眼于城市整体环境构架，对其历史与现状进行周密的计划和研究，权衡暂时与永久、局部与整体、近期与长期之间的利弊关系，找出它们的契合点，科学地、合理地、动态地对其进行综合设计，并要解决历史、未来及周边地带的衔接、计划与实施的差别控制等问题，最大限度地、最为合理地利用土地人文及现有景观资源，实现集生态美学、环境效益于一身，以创造出适合人们生活行为和精神需求的环境。

二、环境与人之间关系相适应的特征

人们总是通过亲身参与各种活动来感知空间。于是，人体本身也自然成为感知并衡量空间的天然标准。因此，可以说作为感知并衡量空间标准的人与环境之间的物质、能量及信息的交换关系，是室内外环境各要素中最基本的关系。

环境是人类生存发展的基本空间，广义上是指围绕主体并对主体的行为产生影响的外界事物。对人类而言，一方面，它是一种外部客观物质存在，为人类的生活和生产活动提供必要的物质条件与精神需求（亲切感、认同感、指认感、文化性、适应性等）；另一方面，人类也按照自身的理想和需要，不断地改造和创建自己的生存环境，包括根据人们认识的不同阶段对环境起到的创造、破坏、保全作用的内容。总之，环境与人是相互作用、相互适应的关系，并随着自然与社会的发展而始终处于动态性的变化之中。

（一）人对环境

现代环境观念的发展也具体体现在人对环境的"选择"和"包容"的意识中。如选择拆毁城墙、对古旧建筑"整旧如新"等城市建设的思想，实际上等于斩断了城市生长的"根"，在本质上是同火烧阿房宫一样在进行破坏。在从事研究和设计时，对那些即将消亡但并无碍于生活发展的、那些只属于承继先人和连接未来的东西，应有意识地加以挖掘、利用和维护。城市是人们长期经营和创造的结果，城市风格的多样性和独特性证明了其自身的生命力。实践已显示"保全"的城市建设思想亦会对城市风格的多样化再立新功。一座城市、一个街区及一处庭院（单元环境）都具有自己的共性和个性文化，它们世代相传，每个当下时代的人及社会都曾为此付出脑力劳动和经济代价。这些代价的后果可能使环境勃发生机，也可能导致环境的僵化和泯灭。创造、破坏、保全的城市建设思想，是相互连接的，其中并无截然的界限。由此，在人对环境这一问题上，必须同时兼顾创造与保全这两个目标的并行，在不破坏的基础上、着力保全的同时进行有意识的创造，才会使我们对城市环境的整治更接近于环境的本质属性，与自然形成整体。

（二）环境对人

1943 年，美国人文主义心理学家马斯洛在《人类动机理论》一书中提出了"需要等级"的理论。他认为，人类普遍具有五种主要需求，由低到高依次是生理需求、安全需求、社会需求、自尊需求和自我实现需求。在不同的时期和环境，人们对各种需求的强烈程度会有所不同，但总有一种占优势地位。这五种需求都与室内外空间环境密切相关，如空间环境的微气候条件——生理需求；设施安全、可识别性等——安全需求；空间环境的公共性——社会需求；空间的层次性——自尊需求；环境的文化品位、艺术特色和公众参与等自我实现需求。因此，我们可以发现它们之间的对应性，即环境对人的作用，也是人对环境提出的多种需求。只有当某一层次的需求获得满足之后，才可能使追求另一层次的需求得以实现。当一系列需求的满足受到干扰而无法实现时，低层次的需求就会变成优先考虑的对象。环境空间设计应在满足较低层次需求的基础上，最大限度地满足高层次的需求。随着社会日新月异的发展，人的需求也随之发生变化，使得这些需求与承担它们的物质环境之间始终存在着矛盾，一种需求得到满足之后，另一种需求则会随之产生。这种人与空间环境的互动关系，就是一个相互适应的过程。

在现实中，空间环境的形成和其中人的活动是同一回事，犹如一场戏剧舞台中的布景设置与演出是相互补充的关系一样。而对设计师来说，更需要关注的是静止的舞台在整场戏剧中的重要性，并通过它去促进表演。由此可知，从某种程度上而言，在环境对人的关系方面，人们塑造了空间环境；反过来，空间环境也影响着、塑造着人。

三、环境艺术设计的文化特征

环境艺术是一个民族、一个时代的科技与艺术的反映，也是居民的生活方式、意识形态和价值观的真实写照。

（一）传统文化在环境艺术中的继承与发展

德国的规划界学术巨匠阿尔伯斯教授曾说，城市好像一张欧洲古代用作书写的羊皮纸，人们将它不断刷洗再用，但总留下旧的痕迹。这"痕迹"之中其实就包括传统文化。例如，在中国传统文化中，风水作为一种传统环境观在对中国及周边一些国家古代民居、村落和城市的发展与形成具有深刻的指导意义。各种聚落的选址、朝向、空间结构及景观构成等，均受风水学的影响而有着独特的环境意象和深刻的人文含义。风水的这些观念对现代环境艺术设计、建筑学和城市规划，对"回归自然"的新的环境观与文化取向至今仍有启示。风水的思想和风水现象及应用的广泛性，都使得风水无可争议地成为中华本土文化中一项引人注目的内容。

注重传统的设计风格，并能有效地将其与当地的文脉和社会环境结合起来，通过良好的设计能建立历史延续性，表达民族性、地方性，有利于体现文化的渊源。如果生搬硬套，就会显得拙劣，令人厌倦。环境及其建筑物是特定环境下历史文化的产物，体现了一个国家、民族和地区的传统，具有明显的可辨性和可识别性。要继承和发展传统设计文化，就要注重历史环境保护。在标志性建筑和重点保护性景观的周围建立保护区。保护空间环境的完整性不被破坏，主要是有效控制周围建筑的高度、体量与形式等，根据不同城市、不同地段和不同的建筑物性质加以具体规定；同时，城市是受到新陈代谢规律支配的，作为有着强大的延续性和多样性的生生不息的有机体，也需要不断地更新。继承与发展传统文化正是为了新的创造，单一的、千篇一律的环境艺术设计不符合现代人的欣赏情趣和审美要求。

（二）地域文化在环境艺术中的发掘与体现

在 20 世纪 70 年代后的建筑设计领域，伯纳德·鲁道夫斯基所著《没有建筑师的建筑》一书的问世，引起了很大的反响。一些以往被忽略的乡土建筑中的创造性方面的价值，重新被发掘出来。这些乡土建筑特色是建立在与该地区的气候、技术、文化及与此相联系的象征意义的基础上的，是长期积累存在并日趋成熟的。有人在研究非洲、希腊、阿富汗的一些特定地理区域的住房建筑之后表明："这些地区的建筑不仅是建筑设计者创作灵感的源泉，而且其技术与艺术本身仍然是第三世界国家的设计者们创作中可资利用的、具有活力的途径。"这类研究呈现两种趋向：①"保守式"趋向，运用地区建筑原有技术方法并在形式上的发展；②"意译式"趋向，在新的技术中引入地区建筑的形式与空间组织。乡土建筑、乡土环境受着生产生活、社会民俗、审美观念以及民族地域历史文化传统的制约，它置身于地域文化之沃土，虽然粗陋但含内秀，韵味无穷如大自然间野花独具异彩，诸多方面存在着深厚的文化内涵等待挖掘和予以推陈出新。

（三）环境艺术对西方文化的借鉴

对西方文化我们经历了从器物到制度再到思想文化逐渐深化的认识过程，但始终主要侧重于"器物"这一最初引发冲动的层面，而对这三个层面缺乏整体意识以及清晰的区分认识。在向西方学习时，总是以最好最新为追求目标，以为新就是好，但西方的新观念、新技术层出不穷，结果连追都没来得及，更谈不上消化了。这种不求甚解、盲目崇洋崇新的心态背后，是一种潜伏的文化虚无主义的思想在作祟。从近年来相当一批的国内室内装饰的各种风格流派的设计作品中，便能感受到对西方环境文化的领受和吸取往往是停留在浮光掠影般的、得其形而忘其意的表面理解上，而在对其内含的、不同的人文精神的理解上，真正领会并发挥、创造出的优秀作品还远远不够。

（四）当代大余文化价值在环境艺术中的体现

随着公众主体意识的觉醒，在环境的日益均质化、无个性化甚至非人性化的今天，人们不再期望将自己的个体情感和意志纳入一个代表公众趣味的、整齐划一的环境中，而是开始寻求一种多元价值观和真正属于自我意识的判断。人们越来越强调创造和表现具有一定意义的空间、场所和环境，此时的"可识别性""场所感"等词语的诞生，都表明了人们对价值或意义的关注。另外，在环境或场所追求为正常人服务的同时，应对儿童或残障人群予以关注，才是环境服务于人性的本质体现。

环境艺术设计对文化地域性、时代性、综合性的反映是任何其他环境或者个体事物所无法比拟的。这是因为在环境艺术中包含了更多反映文化的人类印迹，并且每时每刻都在增添新的内容；而往往群体建筑的外环境更是成为一个城市、一个地区，甚至一个民族、一个国家文化的象征。上海的外滩、北京的天安门广场、威尼斯的圣马可广场、纽约的曼哈顿都是一些代表民族或国家形象的突出案例。在环境艺术的设计中，如何反映当地的文化特征，如何为环境增添新的文化内涵，是一个严肃的、值得环境创造者认真思考的问题，也是历史赋予设计师的责任。

四、环境艺术设计的地域化特征

现代环境设计的地域化特征主要表现在以下三个方面。

（一）地理地貌特征

地理地貌是时间最为长久的特征之一。任何地区之间，只要细致观察，就会发现相互间的差异。更多的差异则是体现在宏观的特征上，像水道、河泽、丘陵、坡地、山脉、高原等。这些自然界固有的因素无时无刻不作用于环境塑造的过程。如山城重庆与平原省会石家庄，西北城市西安与江南水乡绍兴，它们之间的地貌差异对一个敏感于这些特征的设计师来说，会产生极大的诱惑。而设计构思的一个重要思想就是要让那些特征彰显出来，也就是说，对有助于生活舒适的素材都要加以利用；反之，对不利的条件要予以弥补。例如，在重庆的山坡道上择距修筑一些落脚的平地或石磴，让跋涉的人们有择时而歇的机会。这种不同"使用"城市的设计方式，是源于地理地貌因素的直接反映。

水，是城市里一道独好的风景。一座有河道湖泊的城市是幸运的。大多数河水在人们聚居生存的历史上起到过滋养生命的作用。在建筑聚集的市区，使一道河岸保持天然岸线形式，不失为一种独特的构想。自然中野生的芦苇、杂草与人工绿化有机共处，会令风景格外鲜明。但是，保持环境卫生是使野生地貌成为风景的基本条件，因此必须对之格外珍视。不同地域的水，形态也会具有截然不同的风格，或平坦广阔，或曲折蜿蜒，或围城环抱，或川流而过，其独有的面貌完全可能成为城市的重要标志之一。水的重要性及其历史地位，应成为人们认同其价值及强化其城市景观作用的原因。一条有代表性的河道，其重要性完全可以胜过一般的市级街道（当然科学并不赞同把环境分成三六九等，而是要全方位地一视同仁）。而现在的问题是，许多地方河水的静默与永恒反而成了人们忽视它的原因。发展中国家的人们不要轻易地被那些花哨把戏所迷惑（比如由于对"丰田""宝马"的流畅曲线的膜拜而滋生了占有欲，从而不断地扩充道路占有田野或水域），进而"迷失了心性"以致豁出生存的血本。实际上最珍贵的东西就在我们身边，它不可能由别人赠送，只能由我们科学合理地设计和运用。

对水的珍视只限于保持水面清洁和水质不受污染是远远不够的，还要能够理解水面在城市风景中不可替代的作用，其优化生活的能力远胜于任何人工建造的景观。要强化这种认识，环境设计应首当其责。呵护水面的办法之一是对岸线予以整理，就像为心爱之物披上盛装一样。岸线的形态常常既决定于天然地貌特征，又包含有历史遗留或改造的痕迹。其中，有的可临崖俯视，有的则浅滩渐深，有的齐如刀切，有的则参差有致，这是地貌与人文共同作用的结果。

这也能为本节所解释的地方性特征提供佐证。此外，沿岸绿化和设置游览路线、活动场地等，不但是个普遍性原则，也应是深入挖掘地方化生活方式的着眼点。我们不妨看一看江南水乡重镇的例子，晚唐诗人杜荀鹤有诗言："君到姑苏见，人家尽枕河。古宫闲地少，水巷小桥多。夜市卖菱藕，春船载绮罗。遥知未眠月，相思在渔歌。"它栩栩如生地描述了当地人民傍水而栖的独特生活方式。那种地方风俗的魅力令人何等陶醉，凡有此经历者便不难领悟什么是对水的设计了。

（二）材料的地方化特征

追溯人类古老的建筑历史，就地取材则是最早的一种用材方式。就天然材料而言，使用的种类相当丰富，其中包括石料、木材、黄土、竹子、稻草甚至冰块等。如果再将同类材料中的差异加以分类，并考虑经初加工而得到的建材产品，其丰富程度则可想而知了。这种差异无不是由特定的自然条件天生塑就的。然而，将地方性材料提升到作为考虑设计的着眼点的地位，其由来还是从现代的建筑思想引发的。钢材、玻璃、混凝土这些材料是没有地方差异的，因为它们被"人造"得太彻底了。那些源于科学分析而发明的材料，完全摆脱了地域性自然特征的痕迹，最终导致材料质感效果的趋同。这与文明发展对客观世界的原本认识相矛盾。当人们反思标准化的"现代主义"的设计思想所带来的弊端时，表现个性和人情味的理性思想便成为新一轮艺术思潮的追求目标。如果说传统的材质表现还处于含糊的无意识的状态中，那么现代人对材质特征的认识则更加明确主动了。当材料被赋予从文化生态多样性的高度去表现地方生活的职责时，便产生了比以往更强的表现力。

除了在建筑上发挥特定材料的工艺性能之外，环境设计中应用材料最多的地方当数地面铺装了。在中国，传统的皇家或私人园林庭院的铺装多有优秀的范例。苏州园林的地面铺装中对卵石的各种拼装方法所呈现的艺术魅力，简直是现代设计观念的活现。可是这种方法若搬到北方皇家园林中使用就要费些周折，因为材料并非源自本地土产。由此可见，使用地方化材料的原则，应是在更大范围里进行理性推论的结果。现代的地方化观念还向设计师提供了一个启发，即人们对材料的认识不应只局限于惯用的、已被前人熟练掌握的种类。许多不为人知却又是地方土产的材料，原本具有极好的使用性能，应成为设计师研究和尝试的对象。对于铺地材料的技术性能要求并不苛刻，何况还有现代技术条件下的水泥、砂浆等的辅料手段支持。此外，更新和开发一些新的加工方法，也是使旧料变新以及新材料走向实用化的有效手段。沥青、石子和水泥抹地是最简陋也是最没有特色的设计；而全国都铺一种瓷砖，应视为设计师的无能。现代设计中一个重要的课题是精致严谨的加工，材料加工则列为其中之一。地砖和各种壁面的拼花图形、质感对比，有时并不总要借助于材质变化去实现，同种材料的不同加工效果也是追求质感趣味的办法之一。在许多地方，当地特色的传统加工工艺常常能表现出现代工艺所没有的独特效果。

（三）环境空间的地方化特征

环境的空间构成是一个比较复杂的问题。一个有历史的城市，其建筑群落的组织方式是相对稳定和独特的。现有状态的形成往往取决于下列几种因素。①生活习惯。②具体的地貌条件。尽管在那些相邻的地区，地貌的总体特征相同，但一涉及具体方面，还是存在一些差异。这种差异可能造成聚落方式的变化。③历史的沿革，即曾经发生于久远年代的变革与文化渗透等。④人均土地占有量。总的来说，我国大中城市人口居住密度比较大。客观地看，我国城市（包括乡镇等小聚居区）真正的现代化发展是在改革开放之后起步的，至今不过40年，在这段不长的时间里，我们完成的是远远大于40年的建设量，本该精雕细琢的城市面貌，大多沦为粗放型产品。其中，有些原因是不可控的，如人口过度膨胀、现代化建筑技术手段虽先进但显得单一等因素，导致城市地方化特色的快速丧失。另外，环境文化意识的淡薄、设计者对地方文化未产生情感和对当地环境构成的特征缺乏体验和观察，也是造成今天城市粗放结果的重要原因。

城市风貌的载体并非完全由建筑的样式所决定。这里不妨想象一下，眼前有一个鸟瞰的城市立体图，如北京的胡同、上海的里弄、苏州的水巷，人们的实际活动都发生在建筑之间的空白处，即街道、广场、庭院、植被地、水面等。如果将这些空白用"负像"的方式加以突出，再把不同地方的城市空间构成加以比较，就不难看出异地空间构成的区别。例如，北京的胡同通常宽度相同，略窄于街道，一般只用于交通，可供车马通行。每到一定深度，某座四合院的外墙就会向后退让丈把距离，且与邻院的一侧外墙和斜进的道路形成一块三角地，那便是左右邻里聚会谈天的活动场地。当然，通常还要有一棵老槐树和树下的石桌、石凳。上海的里弄则不像北京胡同那样疏密相间、开合有致，而是显得更加公共化、群体化。弄堂里的路呈鱼骨式交叉，一般是直角，宽度由城市街道到弄堂再到宅前过道依次变窄。与北京胡同体系比较而言，上海的住宅与弄堂的关系更为贴近。这些道路形式规整，既用于通行又用于交往联络。

可以看出，在不同的地方人们就是那样使用建筑外的环境。前几代的设计师们已经考虑过生活行为的需要，就空间的排布方式、大小尺度、兼容共享和独有专用的喜好提出了地方化的答案，而后世的人们则视之为当然的模式并习以为常。虽然这些答案并不一定是容纳生活百事的最佳设计方式，但毕竟是经过了生活习惯的选择与认同，在人们的心理上形成了对惯有秩序的亲和。在其后的设计追求中，并不存在什么绝对理想的最佳方式，新设计所能做的不过是模仿、补充，一切变化应是在保持原有基础上的改良。当然，新的室外空间在传统格局的城市里并非完全不能出现。它通常是随着新功能的引入而产生。例如，在德国一些室外空间设计的限定条件相对自由的一些新兴的、人均用地相对宽松的城市。以宾根到科布伦茨一带的莱茵河谷的设计为例，350千米长的罗曼蒂克大道把几十个小城市串联在一起。这里有古朴的建筑、铺着小石板的道路和大片的绿地，加之特有的古堡、宫殿、葡萄种植园等景观，吸引了众多的游人。城里的古建筑是德国历史的缩影和文化的精华，也是德国人追溯历史的好地方。这种用大道将不同城市内容和形式的特点串联起的文化长廊式的综合设计理念，在传统城市中并不存在，因此也可以看作随着文化的变迁、新功能的需求而产生的更新。

如果说城市环境的出现包含形式和内容两部分的话，那么建筑的外部空间就是城市的内容，而且空间的产生并不是任意的、偶发的，更不是杂乱无序的。它的成因深刻地反映着人类社会生活的复杂秩序，其中有外因的作用也有自身的想象。一个环境设计师必须使自己具备准确感知空间特征的能力，并训练自己的分析力，以便判定空间特征与人的行为之间存在的对应关系。这种职业素养是创造和改善环境设计的基础之一。

不过，地方化城市环境的特征，主要是针对历史悠久、人口集中的城市而言。在我国，许多定型化了的古老城市正在经历一个新的历史性的改造过程，为的是使城市的发展既能满足功能的需求，又不致使文化风貌遗失。在变革中有序地延伸和更迭环境的形态，是城市建设中亟待研究解决的课题。

五、环境艺术设计的生态特征

人类社会发展到今天，摆在面前的事实是近200年来工业社会给人类带来的巨大财富，并使人们的生活方式也发生了全方位的变化。工业化极大地影响着人类赖以生存的自然环境，森林、生物物种、清洁的淡水和空气、可耕种的土地等这些人类生存的基本物质保障在急剧地减少，更使得气候变暖、能源枯竭、垃圾遍地等负面的环境效应得以快速产生。如果按照过去工业发展模式一味地发展下去，我们的地球将不再是人类的乐园。这种现实问题迫使人类重新认真思考——今后应采取一种什么样的生活方式？是以破坏环境为代价来发展经济；还是注重科技进步，通过提高经济效益来寻求发展？作为一个从事环境艺术设计专业的人员，也须对自己所从事的工作进行深层次的思考。

其一，人是自然生态系统的有机组成部分，自然的要素与人有一种内在的和谐感。人不仅具有个人、家庭、社会交往活动的社会属性，更具有亲近阳光、空气、水、绿化等需求的自然属性。自然环境是人类生存环境必不可少的组成部分。

然而，人类的主要生存环境，是以建筑群为特点的人工环境。高楼拔地而起，大厦鳞次栉比，从而形成了钢筋混凝土建筑的森林。随着城市建筑向空间的扩张，林立的高楼形成了一道道人工悬崖和峡谷。城市是科学技术进步的结果，是人类文明的产物，但同时也带来了未预料到的后果，出现了人类文明的异化。人类改造自然建造了城市，同时也把自己驯化成了动物，如同关在围栏和笼子里的马、牛、羊、猪、鸡、鸭等动物一样，把自己也围在人工化的城市围栏里，离自然越来越远。于是，回归自然的理念就成了一个现代人的梦想。

随着人类对环境认识的深入，人们逐渐意识到环境中自然景观的重要性，优美的风景、清新的空气既能提高工作效率，又可以改善人的精神生活，使人心旷神怡，获得美的感受。无论是城市建筑内部还是建筑外部的绿地空间，是私人住宅还是公共环境和优雅、丰富的自然景观，都会给人以长久而深远的影响。因此，这使得人们在满足了对环境的基本需求后，高楼大厦已不再是对环境的追求。而今，人们正在不遗余力地把自然界中的植物、水体、山石等引入环境空间，在生存的空间中进行自然景观再创造。在科学技术如此发达的今天，使人们在生存空间中最大限度地接近自然成为可能。

环境艺术中的自然景观设计应具有多种功能，主要可以归纳为生态功能、心理功能、美学功能和建造功能。生态功能主要是针对绿色植物和水体而言的，在环境中它们有净化空气、调节气温湿度、降低环境噪声等功能，从而成为产生较理想生态环境的最佳帮手。环境中自然景观的心理功能正在日益受到人们的重视。人们发现环境中的自然景观可以使人获得回归自然的感受，使人紧张的神经得到松弛，人的情绪得到调解；同时，还能激发人们的某些认知心理，使之获得相应的认知快感。至于自然景观的审美功能，早已为人们所熟识，它常常是人们的审美对象，使人获得美的享受与体会；与此同时，自然景观也常用来对环境进行美化和装饰，以提高环境的视觉质量，起到空间的限定和相互联系的作用，发挥它的建造功能，而且这种功能与实体建筑构件相对比，常常显得富有生气、有变化、富有魅力和人情味。

在办公空间的设计中，"景观办公室"成为时下流行的设计风格。它一改枯燥、毫无生气的氛围，逐渐被充满人情味和人文关怀的环境所取代。根据交通工作流程、工作关系等自由地布置办公家具，使室内充满了绿化的自然气息。这种设计改变了传统空间格局的拘谨、家具布置僵硬、单调僵化的状态，营造出了更加融洽轻松、友好互助的氛围，就像在家中一样轻松自如。"景观办公室"不再有压抑感和紧张气氛，而令人愉悦舒心，这无疑减少了工作中的疲劳，大大地提高了工作效率，促进了人际沟通和信息交流，激发了积极乐观的工作态度，使办公空间洋溢着一股活力，减轻了现代人工作的压力。

其二，具有生态学的"时间艺术"特征。即环境设计应是一个渐进的过程，每一次的设计，都应该在可能的条件下为下一次或今后的发展留有余地，这也符合培根所说的"后继者原则"。城市环境空间是城市有机体的一部分，有它自身的生长、发展、完善的过程。承认和尊重这个过程，并以此来进行规划设计是唯一正确的科学态度。任何一个人居环境都不是"个人作品"，任何一位设计师都只能在"可持续发展"的长河中完成部分任务。即每一个设计师既要展望未来又要尊重历史，以保证每一个单体与总体在时间和空间上的连续性，在它们之间建立和谐的对话关系。因此，既要从整体上考虑，又要有阶段性分析，在环境的变化中寻求机会，并把环境的变化与居民的生活、感受联系起来，与环境设计的构成联系起来。环境设计是一个连续动态的渐进过程，而不是传统的、静态的、激进的改造过程。

其三，在建造中所使用的部分材料和设备（如涂料、油漆和空调等），都在不同程度上散发着污染环境的有害物质。这就使得现代技术条件下的无公害的、健康型的、绿色建筑材料的开发成为当务之急。环境质量研究表明：用于室内装修的一些装饰材料在施工和使用过程中散发着污染环境的有害气体和物质，诱发各种疾病的产生，影响健康。因此，当绿色建材的开发并逐步取代传统建材而成为市场上的主流时，才能改善环境质量，提高生活品质，给人们提供一个清洁、幽雅的环境艺术空间，保证人们健康、安全地生活，使经济效益、社会效益、环境效益达到高度的统一。

综上所述，21世纪的环境艺术设计需要具有生态化的特征，这种生态化应有两方面的含义：一是设计师须有环保意识，尽可能多地节约自然资源，减少垃圾制造（广义上的垃圾），并为后续的发展、设计留有余地；二是设计师要尽可能地创造生态的环境，让人类最大限度地接近自然。这也就是我们常说的"绿色设计"的内涵。

第三节　环境艺术设计的构成要素与设计原则

环境艺术设计涉及领域较为广泛，不同类型项目的设计手法也有所区别，但就环境艺术的特点和本质而言，其设计须遵循以下原则。

（一）以人为本的原则

人是环境的主体，环境艺术设计是为人服务的，必须首先满足人对环境的物质功能需求、心理行为需求和精神审美需求。在物质功能层面，环境艺术设计应为人们提供一个可居住、停留、休憩、观赏的场所，处理好人工环境与自然环境的关系，处理好功能布局、流线组织、功能与空间的匹配等内部机能的关系；在心理行为层面上，环境艺术设计必须从人的心理需求和行为特征出发，合理限定空间领域，满足不同规模人群活动的需要；在精神审美层面上，环境艺术设计应充分研究地域自然环境特征，注重挖掘地域历史文化内涵，把握设计潮流和公众审美倾向。

（二）整体设计原则

整体设计首先是对项目的整合设计，项目无论大小都应从整体出发，从大环境入手处理各环境要素以及它们之间的关系，注意环境的整体协调性和统一性；其次是学科之间的交叉整合，综合运用环境心理学、人体工程学、生态学、园艺学、结构学、材料学、经济学、施工工艺以及哲学、历史、政治、经济、民俗等多学科知识，同时借鉴绘画、雕塑、音乐等门类的艺术语言；最后是设计团队的合作，建筑师、规划师、艺术家、园艺师、工程师、心理学家等与环境艺术设计师一起完成对环境的改善与创新。这里需要指出的是，当代环境艺术的审美价值已从"形式追随功能"的现代主义转向情理兼容的新人文主义，审美经验也从设计师的"自我意识"转向社会公众的"群众意识"，使用者也成为设计团队中不可或缺的组成部分，设计应重视大众的文化品位对设计方向的引导作用，设计过程中亦应积极引入"公众参与"的机制。

（三）形式美的原则

环境是我们工作、生活、休息、游玩的活动场地，并以其自身的艺术美感给人们带来精神上的愉悦。音节和韵律是音乐的表现形式，绘画则通过线条表现形象，环境艺术的形象则蕴含在材料和空间之中，有其自身形式美的规律，如比例与模数、尺度感与空间感、对称与不对称、色彩与质感、统一与对比等，这些美学原则成为指导现代环境艺术设计形式美的重要法则。

1. 统一与变化

统一与变化是形式美的主要关系。统一意味着部分与部分及部分与整体之间的和谐关系，就是在环境艺术设计中所运用的造型的形状、色彩、肌理等具有协调的构成关系。变化则表明其间的差异，指环境艺术设计中造型元素的差异性，如同一种线型在长短、粗细、直曲、疏密、色彩等方面的变化。统一与变化是辩证的关系，它们相互对立而又互相依存。过于统一易使整体空间显得单调乏味、缺乏表情，变化过多则易使整体杂乱无章、无法把握。统一应该是整体的统一，变化应该是在统一的前提下的有秩序的变化，变化是局部的。

2. 对比和相似

对比是指互为衬托的造型要素组合时由于视觉强弱的结果所产生的差异因素，对比会给人视觉上较强的冲击力，过分强调对比则可能失去相互间的协调，造成彼此孤立的后果。相似则是由造型要素组合之间具有的同类因素。相似会给人以视觉上的统一，但如果没有对比会使人感到单调。

在环境艺术设计中，形体、色彩、质感等构成要素之间的差异是设计个性表达的基础，能产生强烈的变化，主要表现在量（多少、大小、长短、宽窄、厚薄）、方向（纵横、高低、左右）、形（曲直、钝锐、线面体）、材料（光滑与粗糙、软硬、轻重、疏密）、色彩（黑白、明暗、冷暖）等方面。相同的造型要素成分多，则空间的相似关系占主导；不同的造型要素成分多，则对比关系占主导。相似关系占主导时，形体、色彩、质感等方面产生的微小差异称为微差。当微差积累到一定程度后，相似关系便转化为对比关系。

在环境设计领域，无论是整体还是局部、单体还是群体、内部空间还是外部空间，要想达到形式的完美统一，都不能脱离对比与相似手法的运用。

3. 均衡与稳定

在远古时期，人们就对重力产生了崇拜，并且在生活实践中逐渐形成了一套与重力相关的审美观念，这就是所谓的均衡与稳定。在自然现象中，人们发现一切事物要保持均衡与稳定必须具备一定的条件，犹如树一般：树根粗，树梢细，呈现一种下粗上细的状态；或如人的形象，左右对称等。实践证明，凡是符合这一原则的造型，不仅在构造上是坚固的，而且从视觉的角度来看也是比较舒适的。

均衡是部分与部分或部分与整体之间所取得的视觉上的平衡，有对称和不对称两种形式。前者是简单的、静态的，后者则随着构成因素的增多而变得复杂。具有动态感对称的均衡是最规整的构成形式，对称本身就存在着明显的秩序性，通过对称达到统一是常用的手法。对称具有规整、庄严、宁静、单纯等特点。但过分强调对称会产生呆板、压抑、牵强、造作的感觉。对称有三种常见的构成形式：①以一根轴为对称轴，两侧左右对称的称为轴对称，多用于形体的立面处理上；②以多根轴及其交点为对称的称为中心轴对称；③旋转一定角度后的对称称为旋转对称，其中旋转180°的对称为反对称。这些对称形式都是平面构图和设计中常用的基本形式，古今中外有很多的著名建筑是通过对称的形式来获得其均衡与稳定的审美追求及严谨工整的环境氛围的。不对称的均衡没有明显的对称轴和对称中心，但具有相对稳定的构图重心。不对称平衡形式自由、多样，构图活泼，富于变化，具有动态感。对称平衡较工整，不对称平衡较自然。在我国古典园林中，建筑、山体和植物的布置大多采用对称的均衡方式布置的设计方法。而今，随着环境艺术空间功能日趋综合化和复杂化，不对称的均衡法则在环境艺术中的运用也更加普遍起来。

4. 比例与尺度

比例含有"比较""比率"的意思。在构图中，比例是使得构图中的部分与部分或部分与整体之间产生联系的手段。而运用于环境艺术设计中，是指构成整体的部分与整体之间具有的尺度、体量的数量关系。在自然界或人工环境中，大凡具有良好功能的物体都具有良好的比例关系，如人体、动物、树木、机械和建筑物等。另外，不同比例的形体也能产生不同的形态情感。

黄金分割比：黄金比又称黄金分割率，即分割线段为长短两部分，使长的部分与短的部分之比等于整长度与较长部分之比，其比值约为0.618。在古希腊，就有人发现了黄金比，他们认为这是最佳的比例关系。其两边之比为黄金比的矩形称为黄金比矩形，它被认为是自古以来最均衡优美的矩形。如果把这种比例关系应用于设计中去，就能产生出一种美的形式。

整数比：线段之间的比例为 2∶3、3∶4、5∶8 等整数比例之比称为整数比。由整数比 2∶3、3∶4 和 5∶8 等构成的矩形具有匀称感、静态感，而由数列组成的复比例 2∶3∶5∶8∶13 等构成的平面具有秩序感、动态感。现代设计注重明快、单纯，因而整数比的应用较广泛。

平方根矩形：平方根矩形自古希腊以来一直是设计中重要的比例构成因素。

勒·柯布西耶模数体系：勒·柯布西耶的模数体系是以人体基本尺度为标准建立起来的，它由整数比、黄金比和斐波纳契级数组成。柯布西耶进行这一研究的目的就是为了更好地理解人体尺度，为建立有秩序的、舒适的设计环境提供一定的理论依据，这对建筑及环境艺术的设计都很有参考价值。

在环境艺术设计中所设计的形象，其占面积的大小、空间分割的关系、色彩面积比例等都需要我们用这种理性的思维去进行合理的安排。

尺度是指人与他物之间所形成的大小关系，由此而形成的一种大小感及设计中的尺度原理也与比例有关。比例与尺度都是用于处理物件的相对尺寸。如果说有所不同，那么比例是指一个组合构图中各个部分之间的关系，而尺度则指相对于某些已知标准或公认的常量表示的物体的大小。

任何一个空间都应根据它的使用功能及相应的环境氛围来确立自己的尺度。而环境艺术尺度感的建立，则离不开一个可以参照的标准单位，那就是人体尺度——环境艺术的真正尺度。通过人体尺度来设计整体尺寸，使人获得对环境艺术整体尺度的感受，或高大雄伟，或亲切宜人。

5. 质感和肌理

质感可被理解为人对不同材料质地的感受。材料手感的软硬糙细、光感的阴暗鲜晦、加工的坚松难易、持力的强弱紧弛等，这些特点能调动人们在感知中视觉、触觉等知觉活动以及其他诸如运动、体力等感受的综合过程。这种感知过程直接引起人们对物质材料的雄健、纤弱、坚韧、温柔、光明、晦涩等形态上的心理反应。正确认识和选择各种物质材料的物理特征、加工特征以及形态特征，是环境艺术设计过程中的重要环节。

环境艺术中的肌理有两方面的含义。一方面是指材料本身的自然纹理和人工制造过程中产生的工艺肌理，它使质感增加了装饰美的效果。我们可以把"肌"理解为原始材料的质地，把"理"理解为纹理起伏的编排。比如，一张白纸可折出不同的起伏状态，花岗石的表面可磨制为镜面或粗面效果，虽然材质并无变化，但肌理形态有了较大的改观。可见，在设计中对"肌"主要是选择问题，而对"理"却有更多的设计可能。因此，在环境设计中我们应把更多的注意力放在对纹理的设计或选择上。另一方面，肌理是指构成环境的各要素之间所呈现出的一种富于韵律、协调统一的图案效果，如老北京四合院群在城市街区之中所呈现出的一种大范围的肌理效果。这种肌理的形成，可以是一种材料，也可以是植物等自然要素，甚至是建筑物本身。

6. 韵律与节奏

韵律与节奏是由构图中某些要素有规律地连续重复产生的，源于音乐中的术语，后被引申到造型设计中来，用以表达条理性、重复性等美的形式。韵律运用于环境艺术设计，主要体现在空间与时间关系中环境艺术构成要素的重复。如园林中的廊柱、粉墙上的连续漏窗、道路边等距栽植的树木都具有韵律节奏感。重复是获得节奏的重要手段，简单的重复显得单纯、平稳；复杂的、多层面的重复中各种节奏交织在一起，能使构图丰富，产生起伏、动感的效果，但应注意使各种节奏统一于整体节奏之中。

简单韵律。简单韵律是由一种要素按一种或几种方式重复而产生的连续构图。简单韵律使用过多易使整个气氛单调乏味，有时可在简单重复基础上寻找一些变化。例如，我国古典园林中墙面的开窗就是将形状不同、大小相似的空花窗等距排列，或将不同形式的花格拼成形状和大小均相同的漏花窗按等距排列。

渐变韵律。渐变韵律是由连续重复的因素按一定规律有秩序地变化形成的，如长度或宽度逐次增减，或角度有规律地变化。

交错韵律。交错韵律是一种或几种要素的相互交织、穿插所形成的表现形式。

在环境艺术中，韵律不仅可以通过元素重复、渐变等表现形式体现在立面构图、装饰和室内细节处理等方面，还可以通过空间的大小、宽窄、纵横、高低等变化体现在空间序列中。例如，中国古典园林中将观赏景物的空间，设置于亭、廊等构图制高点的中心地带，形成优美的静观景物画面，使得此处往往成为游人最多、逗留最久之处；在动态观赏的空间组织中，则从构图的边界和景色的更替入手，使游人步移景异，给过往的人群以新奇、惊艳之感。通过对暗含其中的韵律美的设计，不仅能形成一种愉快和连续的趣味感受，而且使人们对于结尾要出现的意外收获充满期待。

韵律美在建筑环境中的体现极为广泛，从东方到西方，从古代到现代，我们都能找到富有韵律美和节奏感的建筑。

（四）可持续发展原则

环境艺术设计要遵循可持续发展的要求，不仅不可违背生态要求，还要提倡绿色设计来改善生态环境。另外，将生态观念应用到设计中，掌握好各种材料特性及技术特点，根据项目的具体情况选择合适的材料，尽可能做到就地取材，节能环保，充分利用环保技术使环境成为一个可以进行"新陈代谢"的有机体。此外，环境艺术设计还应具有一定的灵活性和适应性，为将来留下可更改和发展的余地。

（五）创新性原则

环境艺术设计除了要遵循上述设计原则以外，还应当努力创新，打破大江南北千篇一律的局面；深入挖掘不同环境的文化内涵和特点，尝试新的设计语言和表现形式，充分展现出艺术的地域性形成的个性化的特征。

置身于任何一个建筑环境中，人们都会很自然地注意到环境的各种构成要素，如空间、形态、材质等。在建筑环境中，正是通过这些要素不同的表现形态和构成方式使人们获得了丰富多彩的生存环境。这些环境要素作用于人们的感官，使人们能够感知它、认识它，并透过其表现形式，掌握环境的内涵，发现环境的特征和规律，使人更舒适惬意地在环境中生活。然而，单纯的要素集合并不足以形成舒适的环境，只有当它们以一定的规律结合成一个有机的整体时，环境才能真正地发挥其作用。而面对诸多的环境要素，设计人员不能因此而迷失方向，需掌握每一要素自身具备的特征，并熟悉其构成的规律，才能在各类环境的艺术设计中达到游刃有余的境地。

1. 空间

所谓空间，可以理解为人们生存的范围。大到整个宇宙，小至一间居室，都是人们可以通过感知和推测得到的。环境的空间分为建筑室外空间和建筑室内空间。作为环境质量和景观特色再现的空间环境，总是在不断发展变化着和始终处于不断的新旧交替之中；并且，随着技术、经济条件、社会文化的发展及价值观念的变化，还在不断产生出新的具有环境整体美、群体精神价值美和文化艺术内涵美的空间环境。但值得注意的是，随着材料和技术日新月异的发展，人们对环境空间的多样化需求成为可能，表现在对室内空间与室外空间的概念的界定方面，在有些情况下这两个概念变得相当模糊。例如，现代建筑中大量采用大面积的幕墙玻璃或点阵玻璃作为室内空间一个面或几个面的立面围合，虽然从物理的角度而言，这种空间的围合仍然完整，但因为玻璃的通透性质，使人们对这种围合空间的心理感受游离于"有"与"无"之间，从而使室内与室外变得更为融通。再如，中厅或共享空间的透光顶棚，将蓝天和阳光引入室内，也能大大满足人们在室内感受自然的心理需求。更有一些现代主义设计者强调运用构成的形式，从而形成多种不确定的界面围合，介于室内空间与室外空间之间的中介空间。这种多元化空间变化的出现满足了多层次人群的使用需求。

2. 材质

材质指材料本身表面的物理属性，即色彩、光泽、结构、纹理和质地，是色和光呈现的基体，也是环境艺术设计中不可缺少的主要元素。不同质感的材料给人以不同的触感、联想和审美情趣。材料美与材料本身的结构、表面状态有关。例如，金属、玻璃等材料，它们质地紧密、表面光滑，有寒冷的感觉；木材、织物则明显是纤维结构，质地较疏松，导热性能低，有温暖的感觉；水磨石按石子、水泥的颜色和石子大小的配比不同，可形成各种花纹、色彩；粗糙的材料如砖、毛石、卵石等具有天然而淳朴的表现力。总之，不同种类与性质的材料呈现不同的材质美。设计者往往将材料的材质特点与设计理念相结合，来表达一定的主题。例如，清水砖、木材等可以传达自然、古朴的设计意向；玻璃、钢材、铝材可以体现高科技的时代特征；裸露的混凝土以及未经修饰的石材给人粗犷、质朴的感受，追求自然淳朴的材质美也是现代设计美学特点之一。可以说每种材质都具有与众不同的表情，而且同样的材质由于施工工艺的不同，所产生的艺术效果也都不一样。熟练地掌握材料的性能、加工技术，合理有效地使用材料的特点，充分发挥材料的材质特色，便可创造出理想的视觉和艺术效果。

3. 形态

形态是指事物在一定条件下的表现形式。环境中的形态具有具体外形与内在结构共同显示出来的综合特性。环境设计的创意首先体现在形态上，大致可分为自然形态和几何形态两种形式。自然界中经过时间检验、岁月洗刷呈现于我们眼前的万物，是设计师们取之不尽的设计源泉。从自然界中汲取灵感的仿生设计对现代设计产生了重要的影响。建筑师曾模拟贝壳结构、蜂窝形态设计出了大量优秀而新奇的作品。公共环境中采用自然形态造型的设计随处可见。几何形态如方体、球体、锥体等都有着简洁的美学特征，基本几何体经过加减、叠加、组合，可以创造出形式丰富的几何形态。现代主义、解构主义设计流派的许多优秀作品便是几何形态的生动演绎。此外，还有很多颇有意趣的环境设计形态取材于社会生活中的事物或事件，它们通常运用夸张、联想、借喻等手法的处理，更多地表现了地域文化及习俗，其多元化、注重装饰以及娱乐性的特征，颇有后现代主义的风格。环境设计通过其形态特征可以对人们的心理产生影响，使人们产生诸如愉悦、惬意、含蓄、夸张、轻松等不同的心理情绪。正因如此，从某种意义上而言，环境形态设计的成败即在于能否引起人们的注意，并使人参与到空间环境中来。

第二章
环境艺术的审美意象

环境艺术审美意象是在审美活动中将具有环境特性的客观景物同欣赏者的思想、情感、理想相融合，并经过想象、创造而孕育于胸中的新形象。

第一节　基本结构

依据作品的审美品质和欣赏者的体验层次不同，可以将环境艺术审美意象归纳为形式层面、符号层面、意蕴层面三个由浅入深的意象层面。环境艺术审美意象是在形式表象的基础上，通过联想由此及彼地不断深化和丰富，逐渐形成为饱含思想、感情、审美意趣，同时表现精神意蕴的意中之象。对形式、符号和意蕴这三个意象层面的深入分析，充分理解环境艺术作品内在的结构，是探讨意象生成机制的前提，是完整地把握环境的景观品质，进行准确评价和体验的基础。

一、形式层面

环境艺术审美意象生成的第一阶段是对景观元素和空间结构所构成的形式信息的接收。创作者的审美意象是通过形式表达出来的，欣赏时则反过来，先接触的是景观环境的形式表象，依据植物、地形、山水、设施小品等景观元素和它们之间的空间组合关系所传达出的信息，通过知觉将这些信息组合成一个完整的形象，然后才能进一步探求形象背后所蕴含的意义。

（一）景观元素

在这里按照景观元素的动、静来分析其具体的形态、特点和其中所蕴含的信息。

1. 静态景观元素

静态景观元素主要是指构成整体环境中不随时间改变的那一部分内容，包括通常所说的环境雕塑、环境壁画、建筑小品、构筑设施、地形和山石、景墙和园路等。这部分元素是构成环境空间形象和氛围的直接内容，影响着环境空间的使用与限定，因此不仅对它的使用性能、技术性能和形式美感有一定的要求，更加强调其对于环境的适应性和其中所蕴含的社会人文特性。

以环境设施为例，在环境艺术中的设施小品，常常兼作多种角色来利用，要满足多功能使用的要求，要具有景观的效果，要有对环境的适应性，还要有可供组合变化的延展性。

由静态景观要素所构成的环境艺术，经过精细的加工和制作，所生成的形式意象有很强的人工特性，表现出细腻和精密的美感，在节奏、色彩和材质方面表现出丰富的几何性。出云地区交易中心及站前广场中的三角形尖角形式的座椅和广场的照明装置所形成的景观不仅提供给人们闲坐、休息的地方，也是人们视觉注意的焦点。草坪模块的三个不同表面（绿草坡、黑钢表面和不锈钢镜面）给在不同位置行走的人们以完全不同的视觉感受。照明装置——"声柱"是12根白色的杆件，它能够以不同的调子制造出微妙的滴水声。声音就像潺潺的溪水，它唤起人们各自印象中地下水流的景象。作品对于景观设施的灵活运用，给人留下更深刻的印象。

2. 动态景观元素

环境艺术同其他的艺术有所区别，它是一个四维空间艺术，具有动态感和时间性特征。动态的景观最能体现环境艺术的特征，动态景观元素包含能够活动的景观元素和随时间发生变化的景观元素两类。能活动的景观元素指的是水景、雾景、可移动的景物和人的活动等。随时间发生变化的景观元素主要是指在自然力的作用下产生的景观，比如植物的枯荣、四时的变换、气象景观、山石的风化等。

在环境艺术中最特殊的一类景观元素就是人的活动。环境艺术具有生活的特性。环境本身虽然静立在那里，但生活在其中熙熙攘攘的人群、多种多样的生活要求，促使环境艺术所呈现的景观也随之变化。可以发现，环境中存在一种千变万化的、动态的美，而且其中最活跃的因素乃是人。因此，环境艺术的审美意象不仅仅是对周围客观环境景物的体验结果，还是对被人使用着、经过着、参与着的环境的活生生的体验。

（二）空间结构

环境艺术的空间结构是生成形式意象的重要层面。环境艺术作品空间结构，不仅包含了空间本身作用于接受者所带来的空间感受，还包含在空间认知过程中，融合了时间因素的空间影像。因此，我们从静态的空间结构和动态的空间影像两方面分析空间在形式意象生成的具体表现。

静态空间结构的形式意象的产生源于两个方面：围合和接近。围合就是人为地用界线将某一空间与周围环境区分开来，以服务于特定的生活内容和目的。围合是人类为自己创造生活世界的最基本的方法，因为只有围合才能聚集景物、生活和意义。英国巨石阵由连续的巨石向心围合成一个圈，塑造出了神圣的场所氛围，表达了远古人类对庄严的宇宙秩序的崇拜和敬畏。

静态空间结构形成的第二种方法就是接近，接近是集中大量形体形成的空间感，在数量或体量上远远超过其他的元素景观，会对周边环境起统率作用。古埃及金字塔以巨大的体量使金字塔在空旷的沙漠环境里塑造出了强烈的空间场，给人以震慑和向往。

动态空间影像是由丰富的历史性体验和充满动感的环境形成的。丰富的历时性体验是生成连续的空间影像的基础，例如安徽歙县唐模村的历时性体验是沿着溪水展开一系列动态空间影像。村口以沙堤亭为核心，由曲桥和古樟共同组成村口的起始空间，古樟树掩映着沙堤亭的翼角，曲桥于树旁伸向溪水对岸。出亭有逐溪而筑的石板路是入村要道，路侧溪水折弯的顶点有石坊跨路而建，隔溪有小丘平顶山随溪而行。转过石坊后，则使人的视线自然地引向檀于溪右侧的小西湖中。弯过内湖，是一片开阔地，兀然而出一组严谨的宗祠建筑，与前面的自然浪漫气氛对比成趣。循溪过祠，村落跃然眼前。转过村前民宅，廊桥形式的高阳桥横跨溪水之上，封住内窥的视线，再向内步行有一组列沿河敞廊，是村落的中心交流区域。在这一系列空间的时序变化工程中，一段漫长的石板路将自然景色和人文景观交织在一起。

充满动感的空间环境易于生成动态的空间影像，例如哈迪德的作品卡利亚当代艺术中心营造了一种具有奇幻色彩的空间氛围。建筑内部空间通过连续的孔洞形成多个腔体，这些腔体互相流动渗透，光线在其中漫射，自然的海景也通过借景的方式引入室内，形成了一幕幕宛如幻境的空间影像。

（三）环境特性

清晰的环境特性易于形成形式意象。人只有在一个结构清晰、鲜明生动的场所中才可以和周围环境发生互动的关系；当空间结构模糊、难以辨认时，人处在周围环境中就没有安全感，随之出现的就是陌生感和失落感。特性一方面是指一种总体的定性质量，另一方面也包含了限定空间元素的实体及其具体形式。大自然是由特性不同的各种自然环境构成的整体，我们可以用"贫瘠""肥沃""温和""威胁"等定性词语来描述具体自然环境的特征。人们的生活也发生在不同特性的环境中，特性一方面是一般的综合性气氛，另一方面是空间的外在形式。特定的地理条件和自然环境同特定的人造环境构成了形式的独特性，这种独特性赋予空间一种总体的特征和气氛。

二、符号层面

意象中的"象"更多的是指一种符号化的系统，是介于抽象和具象之间的一种类象，既有一定的抽象性，也有一定的具象性。欣赏者受到形式信息的引发，头脑中浮现出相关的知识、生活和情感的经验，在形式意象的基础上生成符号意象，也才能"寻象以观意"，深化环境艺术审美意象的接受。

环境艺术的符号包括人们在环境中所感知、观察、领悟到的景物的信息，揭示了景观元素表达出的意义。意义通常分为言内之意和言外之意，依此我们可以将环境艺术的实意符号分为内意符号和外意符号，内意以外意的表达为最高指归，外意是以内意为表达的必要基础。

（一）内意符号

如果是言内之意生成的审美意象，那么是"言能尽意"的，也就是用语言符号可以表达清楚其本身所蕴含的一般的普泛的意义，即索绪尔语言学中所谓的语言的"所指"——语言的意义指向层面——与语言的声音意向层面即索绪尔语言学中所谓的语言的"能指"是相对应的。环境艺术内意符号即指景观形象本身所指涉的意义，是该词语所代表、所确指的一般含义，也就是言下之意，是体现在艺术传达中的逻辑意义和表层意义。通常情况下，言能尽意的内意符号一般包括具象性符号、叙事性符号和指示性符号。

具象性符号是通过形象相似的模仿，借用原已具有意义的事物来表达它的意义。这是一种原始的意义表达方法，直接明了，易读性高。亚里士多德说过："人对于模仿的作品总是感到快感。这是因为同构相关的幻境能够唤起我们的相关经验，并进行回味。"位于美国佛罗里达迪士尼乐园中的全明星俱乐部就是这种通过具象符号的运用，传达出建筑的功能和性质。建筑的正面设计了一个有4层楼高的、大大的棒球帽；建筑的背面是一个巨大斜靠在外墙上的棒球棒，立面上装饰了许多放大了的棒球，侧面是一只棒球运动员们最常使用的可乐杯和吸管。设计师通过这种直白的具象模仿表现出建筑的属性和特征。

叙事性符号包括文本的叙事性符号和事件的叙事性符号，从这些叙事性符号的身上，人们可以阅读到许多直观的信息和意义。叙事事件的叙事性符号比较容易理解，城市街头的环境雕塑，经常选择日常生活的事件作为表达的主题。指示符号也称为标志、指征，是一种与其对象有着某种直接联系或内在关系的符号。指示符号的这一特征，使得它的符号对象总是一个确定的、与时空相关联的实物或事件。字母是在当代环境艺术中经常可以看到的一种指示符号表现形式。字母、单词、语言符号或象形符号，不仅仅被简单地用来产生某种夸张的、含有广告和标志特征的功能和用途，有时它或许还被混杂了更多的暧昧不清的复杂含义，而超出了仅仅作为视觉形象本身的特性。

（二）外意符号

如果是外意符号生成的审美意象，那么是"言不尽意"的，因为这个意潜存于语言形式、色彩和材质（即能指）之中，同时也游离于语言的一般意义（即所指）之外，是言外之意。

环境艺术的言外之意是从景物的外在形式当中所体会出的具体含义，也就是由景物所引申、发挥而来的意义，是一种比喻言说的意义，是环境艺术的深层意义。言外之意是具体存在于特定的空间当中，在独特的场所环境中体现、反映出来的符号意义，是艺术作品传达的联想、隐喻、象征的意义。比如克里斯托的地景艺术作品采用蓝色的伞作为创作的符号，单个的符号意象虽然每个人都能读懂，但是艺术家所要表达的意义是伞之外的引申义，蓝色的伞将自然环境和人居环境联系在一起，像大地之上散落的蓝色圆点，或是一片片漂浮在地表的蓝色云彩。

环境艺术的言外之意往往能够表现出独特的张力并且能够给人以充分的想象空间，是以有限的形式表现无限的想象力，给欣赏者留下充分咀嚼、品味、回想思索的广阔空间，以表达丰富、深刻的内涵。

环境艺术的言外之意是潜存于作品之内，又反映在景物之外的隐含意义，是意外之旨。这是由符号的言内意义发展而来的，它具有特指的蕴含意义，是伴有欣赏者自己感同身受的审美体验和人生体验。

环境艺术的言外之意是作者对物象的抽象组织和描述，曲尽其妙，力求取得言在此而意在彼的效果，是其内在的、深层次的隐性含义，它所要反映的也大多是主体在特定的生活情景下的独特感受和人生体验，以抒发自己的情感意愿。我们可以说言外之意更多地表达了主观情意，它一般采用象征、借喻、联想等多种表现手法，寄托作者主体对环境和物象的独特看法。

三、意蕴层面

环境艺术的意蕴既要强调欣赏者的主观方面，如情绪、情感、想象等，是自我、情感、理想的再现，也要注意其具体的社会、历史和文化语境。因此，环境艺术审美意象的意蕴层面主要体现为：生命情感的回归、社会意蕴的把握和地域风情的体验。

（一）生命情感的回归

从古至今，人们不断地探求生命的目的与意义，这种所谓人的生命力量，既有动物性的本能、冲动、非理性的方面，又不能完全等同于动物性；既有社会性的观念、理想、理性的方面，又不能完全等同于理性、社会性。而正是二者交融渗透，表现为希望、期待、要求、动力和生命，它们以或净化、或冲突、或宁静柔美、或急剧紧张的形态，再现在环境艺术的幻象世界中，打动着人们，感染着人们，启发、激励和陶冶着人们。

环境艺术之中对这种生命情感的追求，表现对心灵的安宁之所的建造。青山绿水庭中，人们通过置身于寂静的绿色与流水融为一体的庭园，聆听庭院中的鸟语花香，从而产生一种平静感；通过庭园中树木与错落的石组来创造一种“宇宙”空间；通过强调落水声，让每一位欣赏者都能联想到流动、平缓的水，从而体验到在都市的杂乱喧哗的环境中所无法体验到的寂静。这样的环境，能唤起现代人对已被忘却良久的朴素、超然的回忆。在这个有限而特定的场所中，当人们看到庭园的时候，不仅能够感受到自然的博大，还能将感官体验、联想和情感的交互融合，在短暂的时间、有限的空间里唤起那原本属于自己却被自己淡忘了的朴素与超然的回归。

环境艺术中对这种生命情感的追求，还表现为对富有诗意的空间的营造。巴拉甘认为，建筑不仅是我们肉体的居住场所，更重要的是我们精神的居所。在圣·克里斯多巴尔住宅的庭院中，他使用了玫瑰红、土红的墙体和方形的大水池，水池的一侧有一排马房，水池也是骏马饮水的地方。红色的墙上有一个水口向下喷落瀑布，水声打破了由简单几何体组成的庭院的宁静，在炙热的阳光下给人带来一些清凉。巴拉甘的园林以明亮色彩的墙体与水、植物和天空形成强烈反差，创造宁静而富有诗意的心灵的庇护所。巴拉甘的作品赋予我们的物质环境一个精神的价值，他注重创造空间，唤起人们的情感、心灵的反应、诗性的情节和归属之感。

（二）社会意蕴的把握

环境艺术不仅为社会生活所创造，而且是人们生活的背景和载体。无论是反映古人生活形态的历史文化意蕴还是表现当代人类生活状况的时代文化脉搏，都体现了当时人们对于美好生活的追求和向往。

环境艺术的社会意蕴体现在对历史的反思和对社会的责任。那些作为历史见证的环境艺术作品，都会使人更多地体验到一种兴衰之美，这种美使他们增添了历史舞台的色彩，具有时间的立体性，将过去的痕迹展现在人们眼前，使人们反思我们生活的态度和意义。这里曾经是有百年历史的钢铁厂，拉茨运用生态的手段处理这片破碎的地段，引导人们对工业社会的价值进行思考。首先，工厂中的旧有的构筑物都予以保留，部分构筑物被赋予新的使用功能。其次，工厂的植被均得以保留，荒草也任其自由生长，公园变成了一个大植物园。再次，工厂中原有的废弃材料也得到尽可能多的利用。最后，水的循环利用，通过自然生态循环和人工处理措施使埃姆舍河在几年的时间里由污水河变为净水河。观者在游览公园的过程中，沿着动感的铁路形式的铁路线，感受到一幅幅工程师创造的大地艺术作品，生发起对工业社会的怀念与反思。

环境艺术的社会意义还体现在与特定的文化背景之间的关系。一处环境艺术也许在外表上并不突出、不特别，但一旦与特定的文化、社会背景相联系，就会发出异样的光彩。

环境艺术的社会意蕴还体现出对当代文化观念和价值取向的反映，表现为环境艺术与社会、环境艺术与生态、环境艺术与技术以及环境艺术与城市环境的日益密切的互动关系上。如何从中挖掘情感和知识的最终价值，使人类作为一个物种的生存和延续，是环境艺术当代意识所要追求的目标。

（三）地域风情的体验

不同地域的环境艺术具有不同的地方特色和民俗民情，有着很强的人文风韵。所谓"百里不同风，十里不同俗"。这种迥然不同的民俗风情正是尘世中文化和生活的积淀，是不同的地域和民族差异之美的汇聚。对这种地方风情和民族文化景观的观赏，就是对这种生活的体验，对这种文化特色的感受。地域性的环境艺术审美反思使人们得到一种入乡随俗似的快乐和美感，得到更多的人生经历。

地域风情体验可以通过直接的参与其中而获得。例如古村镇的环境空间完全是自下而上的自我生成，人在其间的体验便会充满了由反思所带来的丰富感受。街、巷或檐、廊不仅仅是交通空间，更为其中人们的公共生活提供了重要场所，提供了在闲暇时间聊天、嬉戏的休息空间，夏日里还可以在此吃饭、喝茶、乘凉，有效地增进了邻里间的和睦。外部空间所提供的可能性空间之丰富，使人们可以怡然自得地生活，对民俗风情的思索和记忆也在不知不觉中生成。

地域风情体验可以通过间接的体验而获得。沙漠庭院的创作思路就是反映设计者的一趟沙漠之旅。作品选择了沙漠中的热带植物作为主要的造景元素，将其不规则地建于土红色的沙地之中，艺术化地反映了热带沙漠地区的独有风貌。环境艺术是地域文化的重要组成部分。由于地域特色的环境艺术是地域中自然条件、地理气候、民族信仰和民俗礼仪、风土人情等地域文化的直接反映，环境艺术作品可以从地理环境特征，如地形地貌、特色植物，或者地域建筑如建筑造型、屋顶以及具有特色的装饰构造中抽取一定的符号运用到设计当中。这些图像符号仍然具有原来的主要地域性特征，从而使人们感知到地域的风情特色。

第二节　生成机制

环境艺术的形式语言通过一定的组合规则、惯例或秩序建构并确定了该作品的表象和意义，那么反过来也可以借助形式构成的分析而生成浅层的意象；通过对意象的比附机制和情境的解读，来体会作品所要表达的情感和意义；通过结合自身的经验、知识和反思对浅层意象进行深入的分析和考察，进而生成深层的意象和意境。

一、语法组织机制

环境艺术意象"文本"是一种由各种形式语言按照一定的"语法"组

合而成的空间结果。因此我们可以在一个类似语言结构的体系下，研究环境艺术形式层面的语法规律。语法是一种有生命力的模式，有助于将环境艺术讲述得更加流利、深刻，更富有表现力。各种元素的结合就可以形成各种形式特征。语法就是设计者根据自己设计意图来选择他所需的元素，并把这些元素按照一定的规则和特征组织起来，正是这些规则和特征构成了形式意象的生成机制。

（一）网格

整合或组合景观要素的框架最常见的是网格。网格是将特定的设计对象纳入网格体系的一种设计手法。网格可以描述为一组平行线与至少另一组平行线相交，也可以描述为某种基本几何形式的网状组织排列。

不同的组织方式可以形成不同类型的网格，如正方形、三角形、六边形、八边形、菱形等格网系统，格网系统可以是平面的，也可以是立体的。当两组平行线是垂直相交，且平行线之间的行间距又都一样时，就形成一个正方形网格。正方形具有严整、规则、肯定的性格，它没有主导方向，是一种静态、稳定、中性的形式，代表一种纯粹性与合理性。由于各边相等，比其他任何形状更易于增长、减少，构图更为自由，易于进行各种各样的组合。

网格的交合是最具魅力的手法之一。交合意味着旋转叠加，深入浅出。不同方位空间网格的交合是以一个规矩的平面网格为母体，引入一个或若干个不同方位的网格与之相互叠加、交错、穿插，形成既有明朗连续性又有模糊暧昧性的复合空间，在不定性中体现出无穷的变化。

（二）尺度

不同的距离和区域面积的大小，人的空间感觉是不同的。广袤的平原尺度是巨大的，而树木、座椅则是更贴近人的尺度。当体验空间时，不管是内部空间还是外部空间，总希望有个作为依据的尺寸系列，而尺度正是空间实感的表达。按照我们所感觉到的顺序，先是看到、听到，然后再是闻到，最后是接触到。不难发现，视觉领域的覆盖范围远远宽阔于其他几种感觉，因此，在大多数关于尺度的论述中，都是以视觉为参照的。

根据钱学森先生《中国园林学》的分析和顾孟潮先生的补充，将环境艺术的景观尺度根据不同的观赏特点分为六个层次，见表 2.1。

表 2.1　环境艺术的景观尺度

观赏层次	内容	尺度	观赏特征	代表作品
第一层次	环境雕塑	距离为零	直接接触的感觉和体验	冰雕
第二层次	陈设艺术	几十厘米	神游、静观	红蓝椅
第三层次	园林里的窗景	几米	站起来、移步换景	龙安寺庭院
第四层次	庭院、广场	几米至几百米	漫步、闲庭信步	拙政园、网师园
第五层次	公园	几千米	走走路、划划船、花上大半天甚至一天	北京颐和园、北海
第六层次	风景旅游区	几十、几百千米	公路车行	美国国家公园

可见，环境艺术有不同的观赏尺度和层次，可满足不同条件下的多种体验的需要。为了便于理解，作品创作必须从人的尺度出发，将大者化小、小者化大，尺度的选择取决于设计者所要表达的对象和场地原有的条件。

（三）时态

时态更多地体现在更新改造和设计介入中所呈现出的过去、现在和未来的状况。时态在环境艺术中也是相对的，环境艺术作品体现出的意象经常是不同时态的汇聚。

过去的时态是体现在历史文化中的人类本质力量和精神，是人对浩瀚历史的体悟与感受。曾经辉煌的圆明园只剩下一个残垣断壁的遗迹，却能够让人心怀激荡，感伤不已。这是历史意识的积淀，它较多依靠的是主体前结构的心理投射。

当代的环境艺术作品对过去时态的体现，则更加富有诙谐的意味。明尼阿波利斯联邦法院广场容纳有雕塑般的土丘，并以厚木为基座，它们是历史遗迹的象征，代表了明尼苏达州第一批开发者所见到的山与树。这是环境艺术的历史意蕴指向引发了欣赏者主体心中的历史意识的种种感怀，从而引起心灵与景观的共鸣，生发出无尽的意蕴。

在过去的时态中注入现在时态的因素，更能引起人们的共鸣。德国杜伊斯堡以前的炼钢厂现在改为了公共广场，树木和花草为这个场地注入了现在的时态。

（四）秩序

秩序是实体的各个部分之间，以及统治各部分之间关系的合法性和等级。

环境艺术的秩序不仅是形体、色彩、肌理、空间、构图的秩序，更是空间、组织结构、转换逻辑的秩序。环境艺术的秩序首先表现为视觉艺术的形式性秩序，这种秩序遵循一般的艺术形式美的规律，如多样统一律、均衡律、节奏和韵律、对比和微差等。

现代环境艺术在空间的序列、限定、围合及逻辑关系上借鉴和引用了建筑的空间形式规律，还表现出一种建造性的秩序。这种建造性的秩序主要表现为有等级和并列两种。有等级的秩序是通过使一些事物从属于其他的事物来构筑主导的地位，并列指通过元素的相似取得秩序。达到秩序化的最简单的办法就是重复使用和谐的造型元素，如獭户内海广播庭园充分利用要素的连续和叠置来获得景观的秩序，通过地面铺装与种植的有机结合引入了三种元素：第一种元素是由浅粉红色的花岗岩制成的一种富有诗意的铺装；第二种元素是阵列排布的小花罐，它们从石质地板一直扩散到花园的深处，用来划分地板和地面；第三种元素是一条蜿蜒的石头汀步，它从灌木丛周围延伸至邻近的一个地块，给人一种花园地面向外延伸的感觉。三种元素的并置，不仅增加了空间的情趣，而且产生了一种明亮的协调之美。

不是所有的景观都是和谐的，缺乏秩序会造成杂乱，但造成杂乱也有可能不是因为秩序缺乏，而是太多秩序的冲突。就像阿恩海姆说的："无序并不是秩序的缺席，而是一些未经协调的秩序的冲突。"环境艺术中最伟大的作品就如同音乐和艺术作品一样，以很复杂的结合方式将很多秩序整合在一起。

二、典型比附机制

典型以形象的主题性、隐喻性、情境化来作为当代环境艺术的意象元素，进而生成符号意象。

（一）典型主题的挖掘

典型物象能进入作家艺术家的创作视野，首先必须经受严格的选择。选择动机有两个：一是这种物象深深吸引了作家艺术家，触动了作家艺术家的情感神经，这是一种激发过程；二是作家艺术家内心的情感骚动，急于寻求并借助某一物象表达情感。对典型主题的选择多取决于经验和记忆，当这种记忆触发了或适应了自己的情感时，便成为审美意象生发的动机。

（二）隐喻符号的抽取

选择好物象之后，要对特征形象进行抽取创造，这是对客观物象进行重新整合的过程。在这一过程中，情感完全进入了创造的角色。在客观物象中注入了主体的情感、意志、个性和情操等，使客观物象完全主体化。进入心中的物象已经不是存在于自然和表象中的客观物象，而是一个适应情感需求的物象。这里不仅是情感思维在起作用，理性的抽象思维也加入其中，参与了客观物象的赋意。在符号意象层面的赋意过程体现为三种情形：惯用性赋意、类比性赋意和转换性赋意。

1. 惯用性赋意是运用人们约定俗成的符号，来理解作品所要表达的含义

每个时代、每个民族都有着无数的惯用性象征符号，这些符号经过长期的历史沿用，人们都公认它的意义并达成某种一致的观点。比如对色彩构织的情感内涵在一般情况下是约定俗成的，如红色富激情，令人振奋；橙色使人感染活泼、欢快的情绪；绿色为大自然色，有新鲜、舒畅、安静的心理感受；蓝色明亮、新鲜，能引起人们沉静、冥想，也能感染悲哀情绪；紫色有华丽、高贵、优美、神秘及孤独的情绪影响；白色纯洁、凉爽、洁净、神圣；黑色悲哀、庄重、冷淡、阴森，而又典雅，有力度；灰色有阴郁、绝望、沉默的情绪影响等。这些惯用性的含义在体会作品的含义时是必不可少的要素，但这些符号也会因文化和地域的转换而有所不同。

2. 类比性赋意是根据所要表达的对象和意义，选用特定的对象具有一定相似性的符号，通过意义的联结形成新的意义

类比性赋意是在符号层面中常常出现的一种意义生成和传递的方式。类比性赋意可以通过抽取历史和地域中的片段，经过加工和组合来隐喻相关的意义。

3. 转换性赋意是指某些景观符号由于历史、社会等因素的变化造成外延的变化，而重新赋予其新的内涵和意义

转换性赋意中原来符号所表达的意义逐渐弱化，被新的象征意义所代替。德国景观设计师拉茨设计的港口岛公园中，那些具有特定历史意义的文化遗迹重新进入人类的视野开始，它们的能指和所指立刻发生了变化。从昔日有着明确的功能所指到废墟的所指，转变为具有特定历史意义的符号，由一块破碎荒凉的场地变成了一个充满生机活力的公园。

（三）情境因素的影响

典型形象和特征的比附还要经受此时此地的情境因素的影响。这些情境因

素既包含作品周围的客观环境，又受到它所处的时代和地域的制约。

环境的意义和情感在传达过程中受到情境因素的影响，会表现出截然不同的形象。同样是对环境纪念性的传达，华盛顿纪念碑和罗斯福总统纪念园却给人以完全不同的感受。华盛顿纪念碑环境中池水的晶莹耀眼与草地的深沉形成强烈的对比，池中轻柔的水面倒映着蓝天白云，高高耸立的方尖碑，更加反衬出碑体的沉重与高大。在罗斯福总统纪念园中则没有一个高大统领性的物体，由石墙、瀑布、密树和花灌木组成的低矮景观，观赏的路径徐徐展开，述说着罗斯福生平的故事，为参观者提供了一个亲切而轻松的游赏和休息环境。

环境艺术作品比附意义的传达要受到所处基地周边环境的影响。欢乐水景园位于东京都昭岛市，地形从北侧的武藏野台地缓慢地向南侧的多摩河倾斜，北有玉川上水，南有多摩河，西面能望到多靡的群山，是水源和绿地十分丰裕的地区。欢乐水景园把昭岛的这一环境特征纳入设计中，景观的主体即"绿轴"和"水轴"，连接樟树和住宅楼的"绿轴"，符合从北向南倾斜的昭岛的地形，山枫、桂树和四照花也是按季表示这一方向的季节轴。考虑玉川上水和多摩河的"水轴"，起始于街道的交叉路口，沿着回廊一直延伸到中庭。这些在人们移动的主道沿线布置的水面，通过"渡水、绕着水走"把人与水的密切关系带到日常的生活场所，让"水昭岛"贴近人们的生活。整个作品所要表达的含义就是要把昭岛这一环境、景观和风景传给下一代以至未来。

典型的情境还可以作为直接的造景素材，引发审美意象的生成。《深圳人的一天》的环境设计就是将城市中典型的生活场景作为表达主题的直接手段，塑造了中国第一座改革开放城市中人们的面貌和风采。题材选择上自始至终围绕平常百姓的生活，在造型上有意采用了翻制的手法。艺术家在其中似乎"消失"了，城市普通人的价值得到放大，艺术形象成了城市生活本身的一部分。整个环境仿佛一个摄取的平台，其中所摄取的真实的生活、真实的语言，为这些雕塑注入一种当下的实在性，一种都市人群的存在感。在整个场景中，创作者与对象互为开启，让城市人群自己在上面显现自己。

三、虚实相生机制

意象所要传达的内容，是不可言之理、不可征之事和不可传达之情，这就是环境艺术意象的最高价值。要传递这样一种不可言传之意不能用抽象的概念和具象的形状，只有用间接的方法："山之精神写不出，以烟霞写之；春之精神写不出，以草树写之。故诗无气象，则精神亦无所寓矣。"这实际上是一种虚实相成、有无互立的意象化过程。这种意象化过程反映在环境艺术的意境生成当中，就表现为对艺术形象和生活经验的虚实相生、主观情感和景观形式的同构契合、象内之境与象外之境的相生相合。

（一）形象与经验的契合

环境艺术的意境生成源于艺术形象与生活经验的虚实相生。由于二者同构相关，形成一种真实感，给人以再认的愉悦。环境艺术的内容是象征的，意义是超越的，其中的生活并非日常生活，而是审美生活。只有通过审美生活与日常生活高度契合，才能真切地感受到环境艺术作品所要表达的情感和意义。

由于意象化的艺术语言是具体的、形象的，它不是直接诉诸人的理智，而是诉诸情感。环境艺术较多地以日常元素为物象，以日常审美经验为基础，较少出现在其他艺术表达中，常见的诡谲的形象在这里却可以经过再现表达。

（二）情感与形式的同构

环境艺术创作时是将情感对象化为艺术形式。那么在体验作品时就会感受到这种蕴含着情感的形式，将自身的情感投射到形式之中，从而唤起内心深处的感动。欣赏者跟随着作品对情感线索的引导和深化，逐步生成富有诗性和生命性的情感意境。

环境艺术意境生成的情感与形式同构，是欣赏者对情感形式的再创造。艺术家在进行意象经营的时候，总是按照自己独特的方式审视对象，自觉或不自觉地渗透自己的态度、情绪和情感。因而，意象本身凝聚着主体审美情感，当欣赏者主体将自身的情感与作品中蕴含的情感发生互动的时候，便会因满足而获得美感。鉴赏主体在体验作品的情感时，不可避免地受到自己生活经验、审美经验、文化修养、审美能力的影响，自觉或不自觉地按照自己的思想情感、审美理想和艺术情趣对对象的客观情感进行"再创造"。

环境艺术的情感与形式同构主要体现在情感随着空间的流转和时光的流逝逐步加深、累积而达到高潮。

情感毕竟是深藏于人内心之中的东西，不借助于一定的可视、可听、可触摸、可想象的形式，它就无法传达出去。环境艺术作品所要传达的情感必须对象化、物态化。情感的形式就是情调，情调是使人们体验、表现、传达情感的心理形式，情调就是形式感。表现和传达情调的最好方式，也就是创造形式。不诉诸一定的形式，我们就无法体验、表现和传达情调。环境艺术的情感与形式同构是欣赏者的情感与形式的音调结构的相生相合。朗格对于音乐的分析说明了作品形式与内在生命形式之间的"同构"关系，为我们提供了意境达成的方式。音乐的音调结构与人类的情感形式——增强与减弱、流动与休止、冲突与解决以及速度、抑制、极度兴奋、平缓和微妙的激发、梦的消失等形式，在逻辑上有着惊人的相似和一致，这种一致不是单纯的喜悦与悲哀等所谓内容上的一致，而是生命感受到的一切事物的强度、简洁和永恒流动等方面在形式结构上的一致，它是一种感受到的样式或逻辑形式。具有音调结构的形式能够唤起情感的"同构"，使意象具有人类情感和生命的注入。下面我们通过苏州古典园林——留园的分析，来进一步体会环境艺术空间形式的音调结构。

留园中有明显方向性且循环往复的"廊道"空间，使得整体的空间布局有所依凭，多而不乱，生动又不失严谨，可以加强人对空间的认知，在纷繁变化的空间中穿行仍能确定自身所在。我们从门厅进入，到古木交柯处，留园中的"廊道"空间分成两条线路：西线经绿荫—明瑟楼—涵碧山房—闻木樨香轩—远翠阁—佳晴喜雨快雪之亭—冠云楼，沿途为自然山水；东线经曲溪楼—西楼—清风池馆—五峰仙馆—揖峰轩—林泉耆硕之馆，沿路皆为建筑，最终均指向冠云峰。音乐的主旋律主要就体现在这两条廊道的连接、指引和往复回旋当中。

空间节奏是空间属性变化的时间形式。留园空间中音乐性的节奏便是空间属性在"廊道"空间上的线性、韵律变化。廊可长、可短、可折、可曲，因而借助廊的连接便可使极其简单的建筑单体组合成为极其曲折的建筑群，产生曲折变化的节奏感。空间的方向性和结构方式能够影响人对空间的体验方式，直接作用于人的感官；空间的大小、围合程度、内向与外向是较为客观的属性，其变化较为明显确定；而空间的氛围、自然性与人工性、空间的结构需要人用心去体会、感悟，是情感深化的丰富要素。

（三）实境与虚境的相生

环境艺术的象内之境就是实境，是由多个意象构成的一个叠加的、并列的、具象的意象群的环境。环境艺术的象外之境就是虚境，虚境不可能凭空而生，要由实境得来。

达到象外之境是环境艺术意境生成的最终目的。真正的意境是实境与虚境的有机统一。实境作为象内之象，是特定的、自在的、可捉摸的、可感触的，是可以凭感观觉察，直觉把握，不思而得的；而虚境，作为象外之虚，是不定的、虚幻的、难以捉摸、难以感触的，需要通过感悟和想象才能领略的。实境具有稳定性、直接性、可感性、确定性的品格；虚境具有流动性、间接性、多义性、不确定性的品格。

环境艺术的意境是审美意象整合升华的产物，它与"象内之象"和构成"象"与"象外虚空"的统一，实境与虚境的统一。只有实境，意境则过于具象写实；没有实境，虚境则无以为生。龙安寺枯山水中的白砂转换成海浪、石头转换成岛，这是意象的生成，而由此将庭院之景生成海中岛屿的景象，这是象内之境，是实境；再由海中岛屿的实境幻化成神仙居境，这是象外之境，则是虚境的生成。这个幻化成的"神仙居境"的理想境界才是真正的环境艺术的审美对象，由此生发出的禅意、意趣则是这个意境的内在意蕴。

第三节　美感体现

环境艺术的审美意象是在知觉表象的基础上，唤起种种相关的生活经验，通过联想由此及彼地不断泛化、深化、丰富化，并注入主观的经验，与一定情意相结合，在脑中、心目中逐渐形成为饱含思想、感情、意趣的意中之象。这是环境艺术审美意象由浅入深逐步深化的基本过程。在这个过程中，形式层面的意象通过形式语言的语法组织形成有效的信息传达；符号层面的审美意象则通过典型形象、隐喻特征和情境因素的比附和象征表现为审美意义的超越；意蕴层面的审美意象通过欣赏者情感的投射和生活经验的介入，体悟到环境艺术的"言外之意"和"象外之象"，心象与物象融合，情感与形式同构，生发了最高层次的意境之美。

一、信息传达

环境艺术形式语言依靠有机的组织传达出的美感信息有两种情况：一是言能尽意，二是言不尽意。"言能尽意"也就是用形式语言可以表达清楚作品本身所蕴含的一般的普泛的意义；"言不尽意"也就是说这种意义是大于形式语言所对应的意义，是"言外之意"。言外之意是产生真正艺术魅力、艺术感染力的地方所在。

（一）协调与非协调

协调之美可以通过语法结构进行有机的组织而生成，对于这种美感信息的传达在前文已经多有论述。另外，协调的审美意象还主要依据作品对周围环境信息的反馈，这里的环境信息不仅包含所处基地的地形地貌、自然条件等，还包含基地所处环境的文脉、历史、地域特色和周围人群的文化习惯等，体现出物质环境和文化环境整体的秩序和协调。

非协调之美包括元素的破碎、冲突、拼贴和形式的扭曲。当代艺术家们打破了传统和谐的形式构图原理，通过看似不规则的布局、出其不意的体块组合、支离破碎的元素拼贴，使形式所传达出的信息充满强烈的冲突与对抗的不和谐音，创造出了繁杂、复杂、喧闹、充满戏剧化的效果。

（二）清晰与复杂

信息的清晰易辨之美是指视觉上的可识别性、可记忆性、可理解性等内容。从单个景园的语言意象来说，则主要指的是形式的独特性、结构的秩序性和可识别性。均质清晰的秩序一般由形式语言的重复和层级叠加形成，有韵律的形式语言也比较容易产生清晰之美。

信息的复杂之美表现为元素的多样性和形式关系的复杂化。当代环境艺术运用各种手段作为造景的元素，在形式、材料和技术上都表现出多样性和复杂性，用这种方式传达出环境艺术复杂的信息之美。

（三）神秘与新奇

神秘是一种独特的审美信息，它更多地承载了人们对生命情感的回归与追问。环境艺术的神秘美感必须从形态和光线、时间和空间上，才能得到准确的体验，也许这样才能真正发现环境的本来意义。

新奇还体现在景观元素的陌生化处理，对景观元素采取超常的手段进行夸大和缩小，在尺度、色彩、质地、形态等方面运用鲜明的对比、反衬、互补、重叠、虚实、正负、颠倒等手法，使对象产生源于实物而又高于实物的艺术效果，从而产生出奇异的效果。

二、意义超越

意义超越是环境艺术作品美感起兴的重要层面，是对于空间组织形成的特定场景及由此产生的特殊意义的建构。环境艺术作品的意义超越是以形式层的美感作为基础，通过符号的抽象性、意义的含蓄性和作品阐释的多义性，生成了不确定的环境意义。符号层面的意象所能达到的"象外之意"不是纯粹的逻辑规律，这个过程可以说是一个意义超越的审美过程。

从信息传递到意义超越，是一个由心理向形式再转向心理的变化过程，从接受者的角度来讲，只有通过了物质材料、景观元素、结构秩序和空间影像等各个层次，并由这些层次中的秩序激活，触发了原有的感觉经验，产生了丰富的联想，才算进入真正的意义超越状态。

（一）符号的抽象性

环境艺术审美意象的符号层面与其他意象层面相比较，其最大特点在于物象与意义的高度契合，但是这种契合不是一模一样，而是通过对所要表达对象的特性分析，从中抽取出最为典型的那一部分加以强化和建构。因此，环境艺术的符号意象表现出抽象的形式特征。这种抽象既可以是对景物的典型再现，可以是对观念的抽象表达，也可以是对典型情境的提炼。

抽象是对世界现实的抽象和人类情感的抽象，它最终以"形式化"的外观呈现出来。但这种形式化的环境艺术外观并不是现实的复制，而只能是现实的审美表现或现实的幻象。对具象物象的抽象，更加具有当代性的特征，易于激发欣赏者进行更深一步的理解，生成意义的超越。

（二）比附的含蓄性

比附和象征作为人类最古老的生活方式、思维方式、表达方式，伴随人类文明发展至今，已经深深积淀、根植于不同文化圈中的每个人的心灵深处，人人生而会用这种想象的方式去生活、去思维、去表达，必然也会去对环境艺术作品的比附和象征形象做出联想和想象的意义阐释。

含蓄性指意义的含混与暗示。因为环境艺术的外在形象并非仅仅是现实的再现，而且是对于客观物象和主观的精神或情感世界的"抽象"。对这种精神和情感的解读则容易造成含混、多义和不确定的结果，从而达成意义的阐释、建构和超越。环境艺术的抽象的形式是造成意义含蓄性和不确定性的重要原因。筑波广场通过借鉴各种历史符号在意义上的隐喻和暗示，以及由它们进行空间组织，形成的场所本身的抽象性来形成作品意义上的建构。

"写意"在传统中国的艺术表现中是一种特殊的意象表达。写意是通过对形体的高度抽象概括，并对形体进行超时代的意象衔接，表达一种言在此而意在彼的效果。这种概括既可以是具象的，也可能是抽象的。这种写意性的形式语言更加体现了特定时代的公众审美水平以及对多元文化的接纳程度和宽容程度。

环境艺术作品中蕴含着创作者的意图和对基地环境的理解，这种意图和理解表现在作品中成为空间形式、结构秩序和环境氛围。这种意图使得作品具有开放性，引导欣赏者进行感知和体验，但同时这种作品外在形式的抽象性和比附意义的含混性，又使得欣赏者的体验与作者的意图发生了偏移和模糊，这种意义的偏移和模糊就是审美过程中意义超越的前提。

(三) 意义的不确定性

意义的不确定来自阐释行为的差异性、动态性和自由性。在不同地域和文化中由于约定俗成的不同，阐释内容存在着较大的差异性。对于知识广泛、经验丰富的欣赏者其释意较多，反之则单一。意义的体悟会随时间的推移而变化，同一个人对同一作品的阐释，在不同时间会出现不同的结果，表现出阐释行为的动态性特征。同时，在审美过程中，读者是不被约束的，联想可以随意，不需要必然的理由。这种阐释的差异性、动态性和难以控制的自由造成了意义的不确定性。

意义的不确定性来自作品的文本多义性。环境艺术作品的文本意义有单义的，也有多义的。单义的比附认知相对容易，易读性高，语意的传达较为准确，但内容的单义与结构的封闭性消除或减弱了读者联想参与建构的可能性，减少了阅读的乐趣。纯粹单义的例子较少，可以举出较为接近的例子就是天坛，这类皇家景观有其特殊性，集中于象征语义——"天"，不产生其他方面的联想。

大多数环境艺术具有多义性的特点，其优点在于多义所带来的丰富感受与参与意义建构和超越的乐趣。但多义的缺点是容易造成意义的模糊暧昧及作品整体意义的自我矛盾，而导致阅读的无所适从。因而，一般认为较为理想的标准是"多义且在传达上无障碍"。

三、意境生成

意境的体验中人的感官感觉是相对次要的，心灵上的冲击才是更重要的。例如拙政园留听阁取意"留得残荷听雨声"，目的并不是仅仅让人听雨打荷叶的声音，而是把人们凭感官可以感觉到的物质空间升华成可以对人的情感起作用的精神空间。意境美的产生也要通过浅层的形式信息，经过联想的意义超越，达到深层的情感体验，最终指引意境的生成。

（一）独创性的激发

意境美的艺术独创性，主要表现在它能对丰富的生活现象给以本质的艺术再现。艺术家使他们塑造的艺术形象纵横古今，标新立异，具有令后人叹为观止、拍案惊奇的艺术魅力，这就决定了审美意境富于艺术独创性的特征。纵观古今中外的文艺领域，一切艺术大师之所以不朽，也正因为它独创，是不无重复的形象，毫不蹈袭前人，并使后人无从蹈袭。

独创性体验是审美意象群化或深化的一种高级审美意象，是对人自身内部的一股潜在力量的探究，是直觉和顿悟的体验。东京龙安寺内的枯山水庭园，五组石头按一系列布置在砾石床上，十分均衡。从左向右看，其排列是五块石头，然后是两块，再三块，又两块，最后是三块。游人在游廊的任何一点上看去，总会发现有块石头是看不到的。这个园的结构平衡时能凭直觉感觉，而不可以对它进行理性分析。

独创性的意境生成依靠审美想象力和造型原创能力，所谓"原创"是指"第一次创造"，不是前人已有的或模仿他人的，而是"创新"和"独创"，并且是一种美的创造，通过审美想象力和造型原创能力的培养能大大刺激审美意境的达成。

真正使环境艺术成为艺术的，正是这种创造性和想象力在作品中的表达。环境艺术把创造看成了自己的基本品格，把想象看作自己的基本特征，虚拟了一个艺术世界，为人类在虚拟和想象中体验确证感提供一种可能性。艺术家用自己的作品表现了创造性，欣赏者则用他对艺术的赞同和共鸣把自己的创造性表现出来。这样，艺术家和欣赏者就都在想象中实现了他的自我确证，并体验到审美意境在内心的达成。

（二）生命性的唤起

意义超越的幻象融入主体个性、气质、心境、情操、理想、愿望、精神、生命等人性与社会生活的内容，成为主体精神与生命的情感形式，这种情感形式的展开就构筑了审美意境的生成。

人们认知景物的时候往往容易形成自身情感的带入，触景生情，通过形式与情感"同构"，使意象具有人类情感和生命的注入，继而形成意境。环境中往往营造出深藏、含蓄、铺陈等意境氛围，使接受者在游览或是观赏的过程中产生一定的情感因素，往往会通过先抑后扬、空间的障景、借景等手法，来形成情感的阻滞和引导，进而形成一定的空间意境。

通过对具体的实体、空间、景物要素等的安排组织来形成深藏、含蓄、铺陈等能够启发人想象和联想的意境氛围，引导情感的强化。杰里科设计的肯尼迪总统纪念碑是通过铺陈启发人对生命的关注与联想的一个典范。纪念园位于风景优美的萨里郊区的山坡上，可以北眺泰晤士河。整个纪念园的设计非常简单、自然，由一段隐藏在树丛中的蜿蜒的石砌小路引至山腰，展现在眼前的便是一块简洁平整的长方形纪念碑，碑上刻有肯尼迪的名字和纪念他的话语。白色的纪念碑在高大葱郁的树木映衬中，瞻仰者在平静安详的气氛中品味被纪念者辉煌的人生。特别是纪念碑后面的美国橡树在每年的11月（即肯尼迪逝世的时节）满树堆红，映衬着前方白色的纪念碑，极富感染力。从纪念碑的后面穿过一片开阔的草地便是一条规整的小路，小路的尽头有供人坐憩的石凳。人们在此可以冥思或俯瞰泰晤士河和美丽的原野。整个纪念园的构图简洁、自然，但却给人留下无尽的遐想和思考。

现代环境艺术是人的生命的象征，它旨在向由现代工业文明造成的自然和社会的异化提出挑战。它更加注重生命情感的挖掘与表现，强调艺术是满足生命，尤其是生命情感需要的载体。对传统美的突破，取而代之的是对情感的表现。在这种观念下，环境艺术的美突破了以往的唯美标准，可以是充满激情的、震撼的，甚至是疯狂、怪诞的表现，可以不是很"美"，但它一定应该具有一种激动人心的表现力。

（三）诗性的体悟

环境艺术的情境营造中往往追求环境的诗情画意，例如对传统建筑空间通过界面的虚空、空间的幻化、景致的层叠等留白的设置，形成了园林空间的意义与趣味，以有限的艺术影像激发接受者无限的想象力，形成了整体环境的诗情与画意。

现代环境艺术中的诗性意境营造当首推伊恩·汉密尔顿·芬利创作的小斯巴达园。作为一个诗人，芬利通过将诗文、格言和语录雕刻在园内石头上的方法将他的诗的内涵移植到园林中来，从而带来了一种熟悉而又崭新的新园林景观。小斯巴达园充满了诗情和文化韵味，是一个非常个性化的、美丽的诗人花园。芬利认为古典园林最显著的特征在于将不相干的元素组合在一起，而其组合方式又是极其丰富的，这也正是他尝试将文学、现代艺术和花园结合在一起的动因。芬利创作的园林既是诗，也是园林艺术；既是诗的园林，也是园林的诗。这种现代文化园林的出现，将文化景观的艺术魅力再次展现在人们的面前。芬利以艺术家的视野和鲜明的文化倾向，通过对园林的历史性、文化性和艺术性的综合和强调，使人们充分认识到环境艺术的诗性和文化内涵，从而使人们更加重视环境艺术的诗性之美。

第三章
环境艺术设计创新

第一节　环境艺术设计的创新思维

一、创新思维

（一）创新思维的含义

众所周知，创造学是研究人们在科学、技术、管理、艺术和其他所有领域中的创造发明活动并探索其中创造发明的过程、特点、规律和方法的一门科学。创造学自 20 世纪上半叶诞生后，在国外的发展极为迅速，直到 20 世纪末才传入我国大陆。现代艺术设计的技术发展迅猛，和设计相关的学科门类也越来越多，如何把创造学的理论与方法较好地运用到艺术设计中来，是目前艺术设计中的一片新的领域。而创造学本质上就是创新思维的运转。

从字面意思来讲，创新思维包括三个方面的含义：第一，更新；第二，创造出新的东西；第三，改变。从大的方面来说，创新思维并不止是一个新发明或新发现的思维过程，更是思维方式、思维技巧发生转变的一个过程。我们生活当中的一切事物、行为、需求以及理念都能够促使我们的环境艺术设计思维方式和思维技巧发生转变，进而形成一种具有超前性、实用性以及行业导向性的思维体系。而这种创新性的思维体系和任何的环境艺术设计实践相结合，都有可能会形成一种具有前瞻性的价值体系、审美体系，也正是这种可能性一直在推动着人类设计艺术的发展，为我们创造了很多优秀的设计作品。

（二）创新思维的思维习惯

创新思维习惯是创新意识、推理意识和解决问题意识的习惯。创意意识越明确，越能激发产生新的假设和构想，多思维多智慧，提出的假设和构想必然就越多，因而出现标新立异的理念设计就越多。推理意识是创新思维不可缺少的组成部分。创新思维活动要求不能只是就某一个事物孤立地进行分析和研究，而应该把各种事物，哪怕是风马牛不相及的事物联系起来，加以综合思考。因此推理意识就成了创新思维的一个重要因素，推理意识的培养是创新教育的一个重要环节。推理意识的培养要求学生养成善于把大量的事实进行组织、整理并概括、总结的习惯，同时这也是创新的基础。

解决问题的意识同样是创新思维不可缺少的组成部分，它主要表现为信息转化的意识。恩格斯曾把自然、社会和思维的转化运动归结为三条一般的规律：质变、量变规律，对立统一规律，否定之否定规律。人类在认识自然、社会中，信息转化的工作是非常复杂的，经常会出现"山重水复疑无路"的困境，解决问题的过程往往是未知变已知、已知变未知再变书籍的过程，由否定变肯定、由肯定变否定再变肯定的过程，由不可能变可能、由可能变不可能再变可能的过程。因此，创新教育也要培养学生用锲而不舍的精神去思考、理解、解决问题。

（三）创新思维的发散性思维

发散性可以理解为对一个问题能从多个角度、沿着不同的方向思考，然后从多方面提出新假设或寻求各种可能的正确答案。发散性思维具有两个特征。第一，变通性和多端性。发散性思维的变通性反映发散思维有发散、迁移、升华的特点。变通性的培养实质上也是培养学生的一种终身受用的学习能力。第二，发散性思维的多端性。它反映发散思维具有发散、流畅、敏捷的特征，要求思维者多向观察、多维策略、横向比较。如何使这一特点在教学中得到体现呢？首先，可以由老师给学生输入一个信息，学生根据这个信息和掌握的知识，在老师的启发下，获得新知识，锻炼新思维。如在学习杠杆的知识后，给学生出示一个老虎钳，让同学们指出这把老虎钳所涉及的物理知识及用途，并激发和鼓励同学竭尽所能，给出尽可能多的答案。其次，可以在解决某一问题的过程中，充分发挥学生思维的不成熟性，或者说是不固定性，让他们设计出多种方案。如教室里日光灯坏了，请学生列出可能的原因，并当堂实施修理，这样既培养了学生思维的多端性，也培养了学生思维的流畅和敏捷的特质，还让学生经历了多向观察、多维策略、横向比较的认知过程。发散性思维在学生以后的环境艺术设计中经常能够用到。

（四）创新思维的求异性思维

求异思维表现为在解决环境艺术设计问题的过程中，当依据原有的事实、原理已经不能达到预期目的时，能够提出与众不同的设想方案，从而有效地去解决问题。求异思维具有独特、立异的主要特点。独特，即在解决问题或认识世界的时候，不拘泥于一般的原理、原则和方法，而能应用与众不同的原理、方法和原则，使问题合理地解决。立异，即不满足于已知的结论，而标新立异地提出自己独立的见解。在"立异"这一创新因素的培养过程中，可以举出这样的众所周知的例子来引导学生敢于"立"：亚里士多德断言"物体从高处下落时，其速度与它的质量成正比"，这一理论在古老的欧洲大陆横行了 2000 多年，而意大利物理学家伽利略却认为这个结论是错的，他通过比萨斜塔实验推翻了亚里士多德错误的理论，发现了自由落体定律，可见求异思维的重要性。

（五）创新思维的非逻辑性思维

逻辑性思维强调遵循思维规则，对事实材料实行分析，通过一步一步地推理，从而得出科学的结论。创新活动是需要逻辑思维的，但善于逻辑思维的人，不一定擅长创新，在创新活动的关键阶段，非逻辑思维甚至起到主要作用，思维的非逻辑性包括直觉和灵感。直觉又叫直觉思维，指的是对问题的一种突如其来的领悟或理解，它不像逻辑思维那样是有意识地按照推理规则进行，在这种思维过程中，思维的中间环节被忽略了。直觉思维可以帮助我们在创新中作预见，引导人们敢于进行非逻辑性思维。灵感是指人们以全副精力解决问题时豁然出现新思维的顿悟现象。它通常与创新思维活动中那些最重要的、最有决定性的因素联系着。灵感是长期思维积累的结果，只有经过专心忘我的思考过程才有可能产生顿悟。

二、艺术设计中的创新思维探讨

环境艺术设计过程需要有对设计问题的综合分析和空间组织形式的归纳演绎的逻辑思维，又要有对造型、细部构造联想和想象的形象思维，单一的思维过程难以形成新颖的构思。在环境艺术设计中，强调多角度的、冲破固有思路的全新的观察与理解。由于设计对象本质的外部表现是多种多样的，设计者必须从多个角度来把握对象的各种属性及其相互联系，进而获得关于研究对象的具有新意的、系统的、完整的信息；从不同位置与角度来观察或思考问题，从不同的方位、不同的视角审视分析同一问题中的关系，用不同解法求得解决问题的方法的思维过程。这种全新的注意与观察有助于激发丰富的设计灵感。

环境艺术设计的两个特征是图形和形象，其作为一种视觉形象，是通过自身特定的各部分之间的联系而形成的一个综合的、有概念语义的形体，所反映的是特定形象的整体特征。创新设计的灵感基于头脑中最丰富的设计素材，思维产生膨胀和爆炸来自对这些基本素材的大量思考，而图形搜索与形象记忆是积累素材的有效手段，是创新设计产生的认识论基础，是一个设计创造者必须具备的专业素质，同时它也可以帮助我们更好地设计作品。

由此可知，创新思维对于环境艺术设计非常必要，它在艺术设计发展各个阶段中起着重要作用，不仅能提高艺术设计的效率，更重要的是能够增强艺术设计的效果。

首先，创造性思维有助于提高概念设计效率，提高解决问题的能力概念。在艺术设计领域中，概念的设计决定了设计的方向，是艺术设计过程中最具创造性的一部分。合理地运用创造性思维，不仅能提高概念设计的质量，还能缩短概念设计的时间。经研究表明，在概念设计的时候，善于运用联想思维和直观思维去思考的人，往往更容易得到创造性的结果。国内有各种样式的方法来训练设计师的创造性思维，比如，把剪开的纸张悬挂着让其形成自然形态的方法等。创造性思维本身就是一种全方位的思维形式，能够引导人们从不同的角度、不同的层面去思考：一方面，它能突破思维定式，激发设计灵感；另一方面，也使考虑问题更为全面。目前国内不少艺术设计过程中忽视了这一点，概念还不成熟就开始做设计表现，以致到了后期发现问题后，还要回到概念设计进行修改。艺术设计的过程也可看作发现问题—分析问题—解决问题的过程，而这一过程在创造学中，正是创造过程的关键。创造性思维的思维训练方式是倡导积极观察思考，并恰如其分地提高这一思维过程的效果，为环境艺术设计提供不同的思路。

其次，创造性思维能够发挥设计团队的最大效率。现在的很多艺术设计在项目实施的时候，都是以团队协作的方式进行。在设计团队内提倡创造性思维能很大程度上提高团队的效率。从心理学家斯佩里的研究里我们知道，大脑的左半脑和右半脑有着逻辑思维和形象思维的分工。一般而言，理工科教育背景的设计师逻辑思维比较强，形象思维比较弱；而艺术类教育背景的设计师多擅长形象思维，逻辑思维比较弱。形象思维弱的设计师，可让他们从实用性和可行性多做考虑；而对于后者，应鼓励大胆地运用创造性思维考虑不同的造型、颜色，材质。这样的手段，可以把一个设计团队的效率发挥到最大，使团队爆发出最大的能量。

最后，创造性思维有助于优化设计方案。艺术设计是一件作品从无到有的过程，也是一个对设计方案不断完善的过程。同一件作品的设计，用不同的创造性思维原理，得到的结果也不同。在设计过程中，通过对不同的创造性思维原理作用的结果进行比较、筛选，就能不断地优化设计方案，最终形成在当前条件下的最优设计方案。

三、环境艺术设计创新思维的培养

（一）以良好的设计心态诱发创新思维的形成

我们培养环境艺术设计创新思维的目的是要达到"创造"与"创新"相结合，通过别具一格的设计思维来树立起独特的自然观、审美观，提高自身的艺术设计素养。这种创新思维、设计素养的形成可以通过对良好设计心态的培养来达到目的。第一，培养自信心。一个设计师具有自信心，具有过人的胆识与气魄，是"创造"与"创新"能够相结合的基础保障。所以，我们在学习阶段就要养成这种对艺术设计的自信心，这对我们以后在设计实践当中能够将创新思维有效地发挥出来至关重要。第二，培养乐观的态度。作为一个艺术设计人员，必须拥有良好的心态，要在不断的尝试、不断的失败当中依旧保持积极向上的乐观态度，这样才算是拥有了将创新思维运用到环境艺术设计当中的精神筹码。第三，培养探索精神。创新思维当中最重要的一个环节就是要具有探索精神，因为只有勇于探索，勇于把创新思维实践于实际的环境艺术当中，才能让创新思维真正的发挥出效用。第四，培养好奇心与求知欲。对将来要从事环境艺术设计行业的学生来说，坚持培养自己对未知、对知识的好奇心与求知欲，是不断发现、创造设计元素、培养创新思维、提升专业素质以及获得事业成功的一个先决条件。第五，培养独立性。这里所说的独立性并不是指的独立操作，不顾团队意识，而是一种不受原始设计模式束缚、不盲从地追求世俗、独立地去设计新的艺术构想。当然，这种构想不能与传统的设计模式完全背离，要对传统的设计模式进行参考与借鉴。

（二）在环境艺术设计实践当中训练创新思维的主动性

现在教育中，我们大学生的学习方式与学习思路基本上以"传承"为主，以"复制"和"粘贴"作为基本的学习目标，把传统的设计概念当作永恒不变的真理，没有对"自我理解"加以重视。这种学习的方式和学习的目的都存在着很大的问题，它不会带给我们创新思维能力，更不能培养起我们独立进行艺术设计实践的能力。著名的物理学家爱因斯坦之所以能够改变世界，其天马行空的想象力发挥着重要的作用。他曾说过："想象力比知识更重要，因为知识是有限的，而想象力概括着世界的一切，推动着进步，并且是知识进化的源泉。"同理，要在环境艺术设计方面取得创新性突破，树立起自身独特的设计风格，引领时代环境艺术设计理念的走向，除了要拥有一定的天赋之外，后天的实践性操作与明确的创新思维训练才是最重要的。所以，在环境艺术设计的学习过程当中，尤其是设计实践的过程当中，要注重对自己创想能力、创新思维的培养与训练，把自己培养成一个创新型人才。

（三）培养学生的观察能力

观察是了解事物的一种途径，它是从一定的目的和任务出发，有计划、有组织地对某一对象的知觉过程。观察是人对现实的感性的认识活动。培养学生观察自然、生活的能力至关重要，它决定了学生创新思维的形成。在艺术设计教学中，注意引导学生解决某一个问题，不要急于用习惯的思维套路去思考问题，看待问题；可以先观察，辩证思考，去伪存真，才更有可能创造性地解决问题。设计与我们的生活密切联系，不同地域和国家的人们，有着不一样的生活方式、不一样的风俗习惯，设计行为往往反映出当地人的生活。因此，许多创意常常来源于我们的日常生活。观察人们日常的生活方式、习惯、风俗、行为等对于培养学生的观察力具有很好的作用。如观察元宵节灯会常用的五彩纸扎花灯的制作全过程，能使学生获得关于花灯制作的知识，为培养创新思维提供了事实材料。由此可知，观察是设计的基本前提。

（四）培养学生广泛的兴趣

我们在锻炼创造性思维时，需要创造性的联想和想象，这两者是密切联系的统一体。一个没有创造性的设计作品是缺乏魅力的。而创造性的想象和联想又需要设计者具备广博的知识，广博的知识的获得，需要设计者对各科知识感兴趣。归根到底，培养学生广泛的兴趣、拓展学生的知识面，是提高学生创新思维的重要途径。许多知名的设计师都有广泛的爱好，他们从众多学科中汲取养分，展开丰富的联想和想象，创造出许多经典的艺术作品。

如果要想成为一名优秀的设计师，不仅需要懂得本专业的知识和技能，还需要对其他学科的知识有所涉猎。这给艺术设计的教学提供了新思路。设计是艺术与技术的有机结合，是综合众多学科知识创造的结果。只有拥有广泛的兴趣，涉猎多方面的知识，才能更好地将各个学科的知识结合起来进行联想和想象，创作出优秀的环境艺术设计作品。

（五）提升学生的文化底蕴

什么是文化呢？文化是指人类在社会历史发展过程中所创造的物质财富和精神财富的总和。文化记录了人类的生产生活活动，是人们生活方式、行为规范、风俗习惯的集中体现。设计者文化底蕴的厚薄直接影响设计作品的优劣。因此，从文化中汲取养分、提高自身的文化底蕴是非常重要的。中国的传统文化博大精深，是宝贵的设计宝库，在艺术设计教学中，多结合传统艺术文化讲授新见解，引导学生学习传统艺术文化或民间艺术，这对于提高学生的文化底蕴、开拓学生的创造性思维有很大的帮助。学习传统艺术要注意，避免照搬传统的图形或纹样，多鼓励学生在传统的基础上进行创新设计，创造性地继承和发扬传统文化。学生学习传统文化，除了学习我国的传统文化外，外国的文化也要学习，吸收其精华。通过阅读了解各个国家的历史、哲学、文学、艺术以及风俗习惯等，提高自身的文化底蕴，为设计作品打下敦实的文化基础。

（六）强化学生的思维训练

对于设计师来说，创造性思维是一种高水平的复杂思维形式，是多种思维形式的复合运动，主要包括辐散思维和辐合思维。辐散思维又称为发散思维或者求异思维，它是根据一定的条件，对问题寻求多种不同解决方法的思维，具有开放性和开拓性。辐合思维又称为集中思维或者求同思维，它是单向展开的思维，针对某一问题进行深入的探讨，求得一个正确的答案。辐合思维建立在辐散思维的基础之上，两者相辅相成，往往按照"发散—集中—再发散—再集中"的相互转化形式进行。在实际艺术设计活动中，收集设计素材、寻找设计切入点的阶段通常使用发散性思维，众多素材和切入点可以丰富创作语言，而归纳整理素材和确定设计的切入点阶段就需要集中思维了。

在艺术设计教学中强化学生的思维训练方法有很多，比如我们可以通过

"头脑风暴法"来强化学生的创新思维训练。头脑风暴法又称智力激励法，是通过小型会议的组织形式，诱发集体智慧，相互启发灵感，最终产生创造性思维的程序法。在艺术设计课堂中，先确定一个设计主题，然后由5~7个学生为一小组，组成一个创意设计团队。

头脑风暴法通过下面几个步骤来实施。①准备阶段。创意设计团队的组长事先对所设计的主题进行一定的研究，弄清其实质，找出问题的关键，设定解决问题所要达到的目标。然后，将小组会议要解决的问题、需要的参考资料和要达到的目标等事宜提前通知组员，让大家在开会前做好充分的准备。②热身阶段。组长宣布开会后，先说明会议的讨论规则，然后随便聊一些跟设计主题有联系的有趣话题，目的是让大家的思维处于活跃、放松的状态，尽量使大家在谈论过程中能轻松地导入会议议题。③明确问题。经过热身阶段后，组长简明扼要地介绍设计主题需要解决的问题。然后让大家对问题进行发言，并让记录员做好记录，便于总结。④重新表述问题。经过小组的一番讨论之后，大家对问题有了比较深入的了解。组长对大家的发言进行整理、归纳，找出比较有创意的见解，以及具有启发性的表述，给接下来的畅谈作参考。⑤畅谈阶段。畅谈是产生创造性思维的重要阶段。畅谈时大家可以畅所欲言，对所要解决的问题进行自由发言、自由想象、自由发挥，记录员及时做好记录。畅谈时需要注意的是不要私下谈论。发言时只谈自己的想法，同时不要评论组员的发言，以免妨碍别人发言。每次发言只谈一种想法。⑥筛选阶段。小组会议结束后，组长和记录员可以用一两天的时间来整理大家在会议中提出的新想法、新思路，并且做成若干设计方案。然后对多个方案进行反复比较，集中筛选。最后确定3个最佳方案，供设计团队进行下一次讨论。头脑风暴法的训练，可以让学生在会议讨论过程中，发挥丰富的想象和联想，使创造性思维得以很好地发挥，同时能使学生养成独立思考、独立解决问题的良好习惯，这有利于其以后更好地进行环境艺术作品设计。

第二节　环境艺术设计的创新原则

在信息交流频繁的当今社会，环境艺术设计已成为一门迅猛发展的新兴学科。环境艺术设计的创新首先务必充分考虑空间的使用功能，只有合理设计了空间的使用功能，才能在创新设计上有所前进。其次，环境艺术设计的创新务必做到科学与艺术的统一，既注重设计的艺术性，又兼顾设计的科学性，二者融为一体，融入绿色环保理念，方能真正达到设计创新境界。在与时俱进的今天，环境艺术设计应不断追求创新，环境艺术设计中的创新问题主要是针对目前环境艺术设计进程中出现的公式化问题、概念化问题的一种反思。创新设计不但是一种雅致的艺术形式，更是艺术设计师根据自身多年积累的经验，在实践的根基上形成的具有个性化特点的创新设计风格。环境艺术设计进程中创新特色的展现是广大设计师对整体构思中全局和局部之间关系的创新性设想和把握。此种创新风格的体现需要设计师拥有强烈的主观性思维，这种主观性思维在环境艺术设计中能唤醒人们沉睡的艺术细胞，彻底摆脱传统设计的桎梏，给广大民众带来视觉上以及精神上的双重盛宴。

一、功效性创新原则

随着信息化时代的不断发展和知识经济的到来，现代化环境艺术设计所涉及的范围越来越广泛，不管是在艺术范畴，还是技术范畴皆是与众不同，更值得注意的是环境质量的不断提升已融入环保意识，是环境艺术创新设计持续发展的必经之路，环境艺术的创新设计务必最大限度满足不同类型业主的需要。在环境空间功能的创新设计上，各个业主的文化层次、爱好、职业、阅历都是不同的。环境艺术设计师在设计的进程中，务必充分考虑到业主方方面面的实际情况，科学合理地进行创新设计，充分借助所能够利用的条件为广大业主服务，提高业主的满意度。

在设计中，倘若家居设计的业主是一个文化涵养很高的教授，平时爱好琴棋书画，怀旧思想甚浓，根据业主这一特征，在空间划分层面追求功能化的同时，在立面范畴完全可以运用具有中国传统特色的装饰、使用清式雕木花叶隔扇，在材料上可用几片青色的瓦、红木、鹅卵石进行装配。房梁上可使用吊棚的木质房梁，让整个房间在氛围上展现出新鲜与怀旧、紧凑与松弛的反差，在暖色调的氛围中进一步增加了空间范畴的生活气息。同时也可以在很多传统符号的根基上点缀少许具有现代色彩的元素，如此处理就能进一步拓展文化背景的涵养，最大限度缩短时代层面的空间距离，提升空间的使用功效，最终能让设计出的空间显得更为温馨和谐。一样的空间，风格迥异的创新设计都能有效提升空间的使用功能，环境艺术设计的创新并非毫无目的地随意创新，务必根据业主的特征，运用各种方法提高空间的使用功效，使人们得到更好的环境享受。

二、科学和艺术的协调一致创新原则

众所周知，20 世纪 60 年代的美国与欧洲各国涌现出反对摩登建筑主义的思想，并大力倡导和摩登建筑主义完全不一样的理论主张。它的特征是，运用的装饰符号具有明显的象征性与隐喻性，和外界环境完全融为一体。一边是面对外围环境，另一边是面向民众，倡导多元论。我国古代环境设计中的"移步换景""借景"正是鲜明地体现了这一思想，自然和人的完全融合，注重人所生活的空间和环境的互动。

在公共性建筑与商业化空间的创新设计中，对设计的风格、投资的具体数额都必须进行认真的研究，并进一步融进设计师的设计思维中。拉丁美洲的设计风格充满火爆氛围且具有激情；北美洲的装饰风格粗犷豪迈；中式设计风格典雅、古朴，具有浓厚的东方文化意蕴。不同地域的设计风格都会展现出不同类型的艺术之美。不同文化艺术所体现出的内涵从开始构思至设计、进行装饰、器具的陈设，每一件艺术品的摆设都应该是思考的元素。优秀的设计师在进行创新设计时会将业主最初的美好设想进行润色，从科学与艺术角度进行处理，最大限度展现科学与艺术的协调之美。

虽然现在人类社会的经济迅猛发展，但生态环境在经济发展进程中受到了相当大的破坏与污染，导致人类生活环境的持续恶化。在环境艺术设计的理念上，人们崇尚回归大自然，希望生态环境能得到保护，恶劣的环境能得到改善。世界各国所倡导的可持续发展战略就是在此种理念的驱动下逐渐发展起来的，目前这一发展式的战略已被运用到各个不同的领域。环境艺术设计的可持续发展战略也正在发展进程中，绿色式建筑与生态式建筑正在成为环境艺术设计的发展趋势。所以环境艺术的创新设计应充分考虑生态、环保方面的因素，这也充分体现了环境艺术创新设计科学性与艺术性的完美统一的需要。

作为正在发展的新兴学科，环境艺术设计对当今社会具有重要意义。21 世纪的民众需要一个温馨和谐、绿色环保的环境，具有创新特色的建筑、生态环保的建筑，崇尚城市与自然的完美融合。所以，环境艺术的创新设计既要充分考虑空间的使用功能，又要考虑科学性与艺术性的完美统一，并融入绿色环保意识。只有这样的艺术设计才符合时代发展的潮流，才能彰显环境艺术设计的独有魅力，才能设计出优秀的环境艺术作品。

第三节　居住空间设计中环境艺术的创新

一、居住空间的功能

居住空间通常包涵客厅、起居室、卧室、娱乐室或者休闲房等室内空间。对整体空间的塑造，可以让居住者更好地获得文化与精神上的体验，满足居住者的精神需求，并且更好地凸显空间形象的差异性。室内空间的设计效果，直接影响了居住者的自身情绪，并且会让人产生特定的感受。室内空间的美感主要分为意境美感与形式美感两种。意境美感主要指室内空间的内涵，形式美感主要是针对于居住者的视觉感受。通过对于室内空间的合理设计以及对于室内的色彩、家具、绿化、配饰等合理的设计，可以创造良好的意境美感与形式美感，从而设计出适合人们居住的空间，让人们的居住环境更加舒适良好。

二、居住空间环境艺术的创新

（一）回归自然的创新

人类自古以来就是自然的产物。在现代社会不断发展的过程中，人们对于自然环境的追求也逐渐提高。在钢筋与混凝土构成的城市当中，人们对于自然环境和自然生态也越来越向往，回归自然已经成为现代人的一个重要的心理需求，也成为居住空间设计中必须要考虑的因素之一。随着现代化建设水平的不断提高，人们居住环境已经与田园生活渐行渐远，人与人之间的居住环境的隔阂不断增大，居住环境也十分拥挤。在居住空间设计中，要对于人类回归自然的情感进行重视，并且对自然元素进行组合与设计，通过各种艺术表现形式，将居住空间设计充分地融入大自然生态环境之中，从而体现出自然生态之美，追求自然的舒适惬意。

（二）以人为本的创新

人是居住区环境设计需要考虑的主要因素。在进行居住空间设计的过程中，设计者必须对于人文因素进行重视，并且以人们对于生活追求来开展设计的创作。居住空间环境是属于个人的生活空间，只有将以人为本的理念真正地融入居住空间设计之中，才可以更好地提高人与空间环境的协调，让居住者得到安全性、实用性和艺术性相融合的审美享受。随着现代社会的不断发展，各种室内建筑不断涌现，各种设计风格也使得居住者更加眼花缭乱，居住空间的设计逐渐偏离了以人为本的理念。因此，在设计过程中，必须将环境艺术与以人为本的理念相结合，将室内空间赋予深刻的人文内涵，从而更好地体现人文关怀。以人为本的设计理念，可以更好地将僵硬的混凝土结构转变为亲切的生活空间，借助不同的手段体现出居住空间设计的人性化，更方便人们居住生活。

（三）个性的创新

个性化是艺术设计追求的一个方面。现代社会人与人之间的审美观念有着巨大的差异，统一的设计方式难以体现出设计者的个性化，致使人们对于室内空间的体验下降。在开展居住空间设计中，对于环境艺术的设计需要融入个性的思想，通过个性的创新，将现代建筑设计中的统一性进行必要的个性创新和改变。在进行环境艺术创新中，要通过利用各种不同的设计风格、建筑材料以及技术手段，让室内空间具备更好的个性化，并且切实地满足居住者的个性化追求。

（四）实用性的创新

华而不实的设计是不可取的，在进行居住空间设计中，需要重视居住空间设计的实用性，重视对于室内环境的保护。现代室内装修设计中，经常会由于不合格的装修材料所造成的室内污染，严重危害居住者的自身健康。在进行居住空间设计的过程中，在实现环境美学理念基础上，重视对于室内环境实用性的保证。要将环保理念与美观设计相结合，并且保证设计采用材料的环保性，通过对于居住空间设计的有效控制，达到提高室内环境的实用性。与此同时，现代科学技术不断发展，居住空间设计上对于环境艺术的实现，也要结合现代技术手段，通过对于室内环境中的声音、颜色、光线等不同因素的搭配，提高室内空间的实用性，使艺术与使用和谐统一。

（五）高度环境现代化

在居住空间环境艺术设计中，除了要用创新模式进行室内设计外，同时还要重视对环境的保护，我们都知道，室内的有害气体、超标辐射等污染通常都是由不合格的装饰材料造成的，它是污染室内环境的主要原因。因此，做室内设计不仅要从美观上入手，还应体现现代环保理念，选用合格的环保材料，千万不要使用国家已明令禁止的或淘汰的材料。预防那些有污染源的材料给人体带来的伤害，这是做好现代室内装饰的关键。随着科学技术的发展，室内设计常采用现代技术，在设计中达到最佳声、光、色、形的匹配效果，实现高速度、高效率、高功能，创造出人们理想的、让人们满意的居住空间环境。

（六）构建个性空间

多样化是世界的发展让所有事物发展的规律，在全球经济一体化的背景下，艺术设计领域反而需要更多地强调个性，统一模式的设计不是我们需要的，也不是现代社会所需要的。大生产化给社会环境留下了一些问题，相同楼房、相同房间、相同的室内设备，统一取代了个性。我们必须改变这一现状，要在室内设计中体现创新的力量，首先要摒弃传统的设计理念，实现自然与艺术的结合，满足人们对自然环境的需求。同时利用现代化技术，积极使用新材料、新的设计手段，让整个室内空间变得和谐、温暖。通过精心设计，每个家庭居室都呈现个性化的风格，每个家庭居住环境都是独一无二的。

第四节 环境艺术设计的继承与创新

一、继承与创新的关系

继承与创新看起来是矛盾的两个方面，从语言学的观点看，这一矛盾就是语言的稳定性和变易性之间的矛盾。作为设计者，在形式设计上的得失成败取决于所掌握"词汇"的丰富程度和运用"语法"的熟练程度。设计者要想使自己的作品能够被他人真正理解，就必须选择恰当的"词"并遵守一定的"语法"。但这并不意味着设计者只能墨守成规，毫无个人的建树。设计者巧妙地运用个别新的符号，或者有意识地改变符号间的一些常规组合关系，创造出新颖动人的作品，这也就是设计上的创新，可见继承与创新在作品中能够高度统一在一起。

在构成中，有一种"特异"的构成手法，即在似乎很平淡的构成中突然出现一个"异类"的元素，使得本身很平淡的方案达到意想不到的效果，带有创新意识的新符号就如同这个"异类"。在人们对习以为常的事物难以引起足够的注意和兴趣情况下，将一些常见的符号变形、分裂，或者把代码编制顺序加以改变，就可以起到引人注目、发人深省、加强环境语言的信息传递的作用。美国著名建筑师查尔斯·摩尔设计的奥尔良市"意大利广场"就是在设计中大胆抽取各种古典的要素符号，并以象征性的手法将其再现出来。整个广场以巴洛克式的圆形平面为构图，以逐渐扩散的同心圆及黑白相间的地面铺装向四周延伸出去，直至三面的街道上。

罗马的古典柱式经过改头换面以全新的面貌呈现，如科林斯柱式用的是不锈钢柱头，檐壁上用拉丁文雕刻着"此喷泉为市民们献予全民之赠礼"的献词；多立克柱式上流泉汩汩，圆圈上嵌着微笑的摩尔头像，水正不断地从他嘴里吐出。这里不仅充满了欢快浓郁的现代商业气氛，而且具有对乡土强烈的依恋之情。今天，各种方盒子式建筑被认为超然于历史性和地方性之上，只具有技术语义和少量的功能语义，没有思索回味的余地，导致了环境的冷漠和乏味，因而受到批评。对此用信息论有关原理来解释，就是环境符号系统所载有效信息太少。鉴于此，后现代建筑师文丘里大声呼吁："丰富建筑的内容，同时使建筑成为包括其他方面的多维艺术，甚至包括文字，使它不再是一个纯粹的空间的工具。"他主张以环境的复杂性和矛盾性代替现代派提倡的简洁性，以语义的模棱两可和紧张感代替平铺直叙，以语义的多重性反对非此即彼的机会主义，要混杂而不要一目了然的统一，形成了自己的设计风格。

斯特恩设计的"最好的"产品陈列室也是一个典型的例子。它立面上采用了许多传统的符号和构成形式，犹如古希腊神殿的立面图，以此暗示他要表达的主题立意：把该建筑作为"消费主义的神殿"，反映商业化社会人们的价值观念和商业活动在今天人们日常生活中的重要性。但是隐喻的手法是复杂的、多重的，不经认真思考，人们难以马上从其表象领会到真正的意义。这样的设计作品，不但比方盒子有思想深度，就是比单纯地追求像一艘帆船或者一只猛禽等具象的象征主义也更耐人寻味，更富有哲理。把环境作为一种符号现象，为解决长期困扰设计人员的继承和创新的矛盾问题提供了一条有效的途径。设计符号像文字语言一样，既根植于往昔的经验，又与飞速发展着的社会相联系，新的功能、新的材料、新的技术召唤着新的思想。所以一方面它如同文字语言一般缓慢地变化着，另一方面又随着社会而飞速地发展。怎样使环境既具有历史的连续性，又适应新时代的要求？随着时代的前进，科学技术的进步和文化交流的频繁，"词汇"和"语法"在发展中趋于统一的态势，但是一个民族由于自然条件、经济技术、社会文化习俗的不同，环境中总会有一些特有的符号和排列方式。就像口语中的方言一样，设计者巧妙地注入这种"乡音"可以加强环境的历史连续感和乡土气息，增强环境语言的感染力。美国美学家苏珊曾经说过，一个符号总是以简化的形式来表现它的意义，这正是我们可以把握它的原因。不论一件艺术品（甚至全部艺术活动）是何等的复杂、深奥和丰富，它都远比真实的生活简单明了。

正因如此，对于艺术理论而言，它无疑是一个建立有效与生动现实的心灵概念这样一个更为伟大事业的序言。符号活动已经包含了某种抽象概念的活动，已经不再停留在个别之上了。视觉符号是一种艺术符号，也是表现性符号。相对推理性符号而言，视觉符号没有自己的体系，任何视觉符号都有一定的文化内涵，只有体现在一定的情感结构中，围绕着一个特定的主题有机地结合在一起。知青饭店、老三届、毛家菜馆等商业建筑里，都采用了斗笠、玉米棒、粗木桌椅、水井等，甚至为了营造气氛更是将服务员的服装，以及菜单名也巧妙地融入其中，这些不同地域农村中富有典型意义的视觉符号营造的环境，在这里就如同一本旧相册，记录着不同人的经历，使得设计变得更亲切，更值得去回味。视觉符号的象征性不仅在形式上使人产生视觉联想，更为重要的是它能唤起人们思索联想，进而产生移情，达到情感的共鸣，建筑也因而更具有意义，更加受到人们的喜爱。

现在城市化的高速发展带来了日新月异的变化，但与此同时我们也失去了许多永远无法复得的东西——历史文脉。历史形成的街道、胡同、牌坊等城市形态作为完整表达建筑和城市意象的符号系统，被拆除，威胁到城市形态的相容性和延续性。尊重历史传统并不等于食古不化、拘泥于传统。相反，有意识地保留这些传统，将使得这个城市更富有地方风味。其实，"立新"不必"破旧"，关键在于如何以传统而又时尚的手法，创造出新旧共生的新的城市形态（符号）。"新天地"项目是位于上海市兴业路黄陂路、中共一大会址的周边地区，"会址"对面的南地块，设计为不高的现代建筑，其间点缀一些保留的传统建筑，与"会址"相协调。而"会址"所在的北地块，则大片地保留了里弄的格局，精心保留和修复了石库门建筑外观立面、细部和里弄空间的尺度，对建筑内部则做了较大的改造，以适应办公、商业、居住、餐饮和娱乐等现代生活形态。从目前已建成的部分看，得到的好评很多，已有较大的影响。据说销售与经济效益亦见好。其实，在上海这个东西方文化冲击的大都市里，传统的里弄生活形态从来没有死过，"新天地"给予它的只是合理的变化和延续，留给我们的是更多的思索与启示。著名哲学家恩斯特·卡西尔认为人是符号的动物，人类所有精神文化都是符号活动的产物，人的本质即表现在他能利用符号去创造文化。因此，一切文化形式，既是符号活动的现实化，又是人的本质的对象化。我们可以将简约而又复杂的语义，以传统而又时尚的语构，运用于现代艺术设计中，从而创造出个性化、人文化的全新设计符号，这既是对环境艺术的继承，又是对环境艺术的创新。

二、环境艺术设计中继承与创新的表现

在现代环境艺术设计中，从历史的传承，到风格的演变，再到科技的发展，环境艺术设计结合了艺术美感、功能性、人性化、空间体量等多方面元素，这些都作为创作的根本需求。在当代设计领域追求各种风格演变与风格创新的背景下，环境艺术设计呈现了前所未有的多元化、自由化。现代简约、新中式、现代欧式等都是现代环境艺术设计中常运用的设计风格，绝大多数设计师仍然视传统设计为设计的根本，在造型上采用风格特有元素，去分解再造型再创作，使传统元素与现代科技完美地和谐地结合，为追求特有的设计风格不断创新与变化。

（一）地域文化风格创造奇迹

首先是打造传统地域文化与地标建筑。迪拜的帆船酒店，又称阿拉伯酒店，是世界上第一家 7 星级酒店，坐落于阿拉伯湾的一座人工填海岛上，设计最初目的就是使其成为迪拜的一个地标性建筑，历经 6 年，终于缔造出一个梦幻般的建筑，将极尽奢华的装饰、高超的科技手段、材料的运用、空间结构等完美结合。酒店高 321 米，成为比埃菲尔铁塔还高的建筑，具有世界上最高的室内大堂，具有世界最高的网球场，建筑表面利用帆布幕墙营造帆船效果。其另一个目的是调节建筑内空间温度及抵御阿拉伯湾的海风，创造了多项世界记录。酒店的设计构想大胆，运用结构造型，大胆地去尝试去挑战，使科技与设计完美结合。设计中运用了将近 9000 吨的钢材，地下填海工程历时 2 年，最终达到目标，完成了一个历史上最壮观的海上酒店。其无论在设计的美感上还是空间的情感上，都是无与伦比的。

其次是设计来源于地域风情，依附现代科技。不同的生活习俗、地理因素、

环境因素影响着人类的各个方面，因此产生了各个地区特有的地域风情。帆船酒店的设计想法来源于迪拜当地的地域风俗，迪拜人热衷于航海，当风帆从低平面上升起的时候，帆船酒店的构想也随之而来，当帆船酒店屹立在阿拉伯湾的时候，不仅是一种美的体现，更是大胆的创意与现代高科技相互完美结合的产物，是对环境艺术设计的创新。

（二）传统文化的传承及设计国际化

首先是传统文化的概念对现代设计的影响。文化的传承不是机械性、程序性的，而是理念的思考及长久的熏陶和社会的影响。传统文化从根本上影响着每个做设计的人，文化可以理解为人类在某个时期的历史过程中创造出来的精神财富与物质财富的结合体，也可理解为是社会意识形态被其社会制度制约的产物。沈阳世博园在园区的规划上延续了中国园林设计的根本方式，采用延续景观轴线的设计方法，对园区进行分区并规划，使整个园区的设计结合了现代元素，并运用了高科技的设计方式。

其次是设计的国际化发展趋势。民族的应该是国际的，地域文化国际化发展具有一定的必然性。它是市场竞争国际化的需求，为满足国际间相互沟通相互交流的需求，设计中自然要寻找国际间相互交流的共通的表述语言，对设计元素信息的认知达成共识性。当今社会对文化传承的设计概念的理解及运用，趋向于国际化的趋势日益明显，设计界的国际型赛事及交流会日渐增多，一个国家的发展是多元化的，无论是发达国家还是发展中国家，设计必须在国际化背景下进行探讨才能体现其价值。因此，在国际化影响下，传统风格逐渐演变成更适应现代需求的一种时尚的、简约的设计理念，其更加符合人们的审美需求。

（三）文化传承对环境艺术设计的意义

随着历史的发展，任何一个国家都具备其特有的风土人情，这就是地域文化。地域文化一方面受自身因素的影响，另一方面受外来文化的影响。当地域文化被初步认识的时候，自身积累的文化内涵及受到周遭影响灌输的思想理念，驱使着对文化的不同理解与表达，使地域文化从各个层面演变并传达到设计中去，而这就是对文化的传承。

第四章
基于人体工程学领域的环境艺术设计

第一节　人体工程学的基本概述

一、人体工程学简介

　　人类在生活中总是使用着某些物质设施，这些物质设施提供人们的生活和工作的便利。它们有些是生活和工作的工具，有的构成了人类生活的空间环境，人们的生活质量和工作效率在很大程度上取决于这些设施是否适合人类的行为习惯和身体方面的各种特征。实际上自从有了人类和与之同时诞生的人类文明，人们就一直不断地改进自己的生活质量和生产效能，尽管上古时代不可能像今天这样采用科学研究方法，但在人们的创造与劳动中已经潜在着人体工程学的萌芽，这些不但可以从石器时代的文物中看到，也能从铁器时代的人工物中看出。

　　现代工业文明带来了生产工具和科学技术的飞快发展。随着工业的发展，人类制造了许多先进的工具和设施，然而人类的肉体从古到今并没有本质上的变化。工具发展的高速和人类体能发展的缓慢使两者之间产生了巨大的鸿沟，产生了许多关于人类的能力与机械关系的复杂问题。

二、人体工程学定义

　　人体工程学目前无统一的定义。

　　苏联的学者将人体工程学定义为：人体工程学是研究人在生产过程中的可能性、劳动活动方式、劳动的组织安排，从而提高人的工作效率，同时创造舒适和安全的劳动环境，保障劳动人民的健康，使人从生理上和心理上得到全面发展的一门学科。

国际人体工程学会的定义为：人体工程学是研究人在某种工作环境中的解剖学、生理学和心理学等方面的因素，研究人和机器及环境的相互作用，研究在工作、生活和休假时怎样统一考虑工作效率、健康、安全和舒适等问题的学科。

《中国企业管理百科全书》中对人体工程学所下的定义为：人体工程学是研究人和机器、环境的相互作用及其合理结合，使设计的机器和环境系统适合人的生理、心理特点，达到在生产中提高效率、安全、健康和舒适的目的。

综上所述，尽管各国学者对人体工程学所下的定义不同，但在下述两方面却是一致的：一是人体工程学的研究对象是人、机、环境的相互关系；二是人体工程学研究的目的是如何达到安全、健康、舒适和工作效率的最优化。

三、人体工程学研究内容

人体工程学研究的主要内容大致分为三方面。

（一）工作系统中的人

工作系统中的人包括：人体尺寸；信息的感受和处理能力；运动的能力；学习的能力；生理及心理需求；对物理环境的感受性；对社会环境的感受性；知觉与感觉的能力；个人之差；环境对人体能的影响；人的反射及反应形态；人的习惯与差异；等等。

（二）工作系统中的机械

这些部分包括三大类：

（1）显示器：仪表、信号、显示屏；

（2）操纵器：各种机具设备的操纵部分，如开关、旋钮、把手和键盘等；

（3）机具：家具、设备等和人的生产生活息息相关的设备。

（三）环境控制

环境控制指如何使环境适应人。环境主要是：

（1）普通环境：建筑与室内外空间环境的照明、温度、湿度、噪声控制等；

（2）特殊环境：高温、高压的工作间；宇宙飞行器；具有辐射、电磁波的场所等。

第二节 人体尺寸与环境艺术设计

一、人体尺寸

（一）人体尺寸分析

人体测量是一门新兴的学科，它是通过测量各个部分的尺寸来确定个人之间和群体之间在尺寸上差别的学科。它既是一门新学科，又有着悠久的历史。人体测量学的成果在军事和民用工业产品设计中，以及在人们日常生活和工作环境中得到了广泛的应用，并进一步拓宽了研究领域。建筑师、室内设计师也认识到人体尺寸在设计中的重要性。他们发现应用人体尺寸的研究成果可以提高建筑室内外环境的质量，能合理地确定空间尺度、科学认真地从事家具和设备设计并节约材料和造价。

（二）数据的来源

设计需要的是具体的某个人或某个群体（国家、民族、职业）的准确数据，要对不同背景的个体和群体进行细致的测量和分析，以得到他们的特征尺寸、人体差异和尺寸分布的规律，否则这些庞杂的数据就没有任何实际意义。由于我国幅员辽阔、人口众多、地区差异较大，人体的尺寸随着不同年龄、性别、地区等而各不相同。同时，随着时代的发展、人们生活水平的提高，人体的尺寸也在不断地发生变化，因此，要取得一个全国范围内的人体各部位尺寸的平均测定值，是一项繁重而复杂的工作。

（三）尺寸的分类

1. 构造尺寸

构造尺寸是指静态的人体尺寸，它是人体处于固定的标准状态下测量的。它对与人体有直接关系的物体有较大关系，主要为人体设计各种装具设备提供数据。

2. 功能尺寸

功能尺寸是指动态的人体尺寸，是人在进行某种功能活动时肢体所能达到的空间范围。虽然结构尺寸对某些设计很有用，但对于大多数的设计问题，功能尺寸可能有更广泛的用途。人可以通过运动能力扩大自己的活动范围，企图根据人体结构尺寸去解决一切有关空间和尺寸的问题将很困难。在室内环境设计中最有用的是 10 项人体构造上的尺寸，它们是：身高、体重、坐高、臀部至膝盖长度、臀部的宽度、膝盖高度、膝弯高度、大腿厚度、臀部至膝弯长度、肘间宽度。

3. 尺寸的定义

由于人体测量还是一门新兴的学科，经过专门训练的人不多，因此很多的人体尺寸资料在文字和定义上相互是很难统一的。所以使用中的一个重要问题是人体尺寸应有明确的定义。由定义规定的测量方法也很重要，如身体坐高测量值的变化与该尺寸定义就有很大关系，这里起关键作用的是坐的姿势对测量值有很大影响。在设计中使用人体尺寸时要检查采用了哪一种测量方法，以选择正确的尺寸。

4. 尺寸的衡量标准

（1）舒适的标准。尺寸的衡量标准设定是为了满足不同的使用条件，火车卧铺按照功能尺寸肯定是合理的，但睡起来肯定没有五星级酒店的大床舒服。这个例子告诉我们，舒适的程度也是一个尺寸选择的标准。火车卧铺 70～90 厘米宽是满足基本的功能需要，饭店的大床 100～120 厘米是达到舒服的要求。

（2）安全尺度。在一些涉及安全问题的场所，往往会使用极限尺寸去限制或保护人们以避免发生危险，这些尺寸的使用是以安全性为标准的。

5. 形式对尺度的影响

在实际的设计中，尺寸并不会是很精确的，它还会受到形式的影响。如公共场合中大门把手的设置形式问题，不同材质和色泽的物体在环境中的尺度要和人的感受性相结合，等等。

第三节 人的感知觉与环境艺术设计

一、人和环境的交互作用

(一) 刺激与效应

1. 人体外感官和环境交互作用

任何环境的交互作用都表现为刺激和效应。

生态系统中的各种因素都是相互作用，相互制约的。我国古人很早就知道万物之间相生相克的法则，用现代语言，就是生态循环和平衡。人是环境中的人，无论是个体或群体，都受到环境各种因素的影响和作用，其中也包括人的相互作用。当人体的各种感官受到刺激后，就要做出相应的反应。当人受到强烈的阳光刺激时，人的眼睛会自动调节闭合，减少进光量，以适应环境；当人们进入黑暗的地方，眼球又自动调节，以便看清周围的环境。当人们乘车船受到颠簸时会不自觉地摇摆，以保持身体的平衡。当我们的手碰到很热或很冷的物体时，便会自动地缩回。当我们突然听到很响的声音时会不自觉地捂起耳朵，以适应这种刺激。同样，当闻到强烈的异味刺激时就会皱起眉头、捂起鼻子、闭紧嘴巴。当人们吃到不适应的食物时，会皱起眉头甚至吐掉嘴里的食物。所有这一切现象，都是人体受到环境刺激后，能动地做出相应的反应。这就是人体外感官的五觉效应，即视觉、听觉、嗅觉、味觉和肤觉效应，以及人体运动觉的反应。以上各种反应，都是环境因素引起的物理或化学刺激效应。

2. 人体内感官和环境的交互作用

人体的内感官或大脑受到生理因素或环境信息引起的心理因素刺激后，也会做出各种相应的反应。如饥饿时人的腹部会咕噜咕噜地叫；人体低血糖时会感觉头晕目眩；心慌时心跳加快；呼吸困难时会张大嘴巴；等等。这一切反应都是人体内感官受到生理因素刺激后，所做出的生理效应。

3. 人的心理和环境的交互作用

当大脑通过人体内感官接收到各种信息时，会做出相应的心理效应。

当人们作出成绩受到表彰时会情不自禁地感到喜悦；受到不该有的歧视会

感到愤怒；失去亲爱的朋友会感到悲哀。这种来自信息的刺激，所表现出的喜、怒、哀、乐的反应，即心理效应。在种族歧视严重的白人居住区，如果住进一户黑人，则会引起严重的纠纷。就是在我们的周围，如果邻里的文化层次、生活习惯相差很大，也会感觉格格不入。这都是精神作用引起的反应，即使不受当时外在环境的任何刺激，当人们回忆往事时，也会产生各种心理活动，并会做出相应的反应。

4. 刺激和效应

以上所说的各种环境刺激（包括人自身）所引起的各种效应，都有一个适应过程和适应范围。当环境刺激量很小时，则不能引起人们感官的反应；刺激量中等时，人们会能动做出自我调整；而刺激量超过人们接受能力时，人们会主动反应，改变或调整环境，甚至创造新的环境以适应新的需要。这种刺激效应是人类发展的基础，也是人类建筑活动的原动力。当然这也是室内设计和环境设计的理论依据。

（二）知觉传递与表达

1. 知觉传递

研究知觉传递与表达的目的，在于如何科学地确定能为人体所接受的环境刺激因子的物理量、化学量和心理量，创造适合人们需要的健康、安全、舒适的人工环境。

环境因子作用于人的感官，引起各种生理和心理活动，产生相应的知觉效应，同时也表现出各种外显行为，去改造或创造新的环境，以满足人的生理和心理的需要。新的环境因素又促进人类需求的增长，又要不断改变环境，如此循环，以至无穷。知觉传递过程是暂时的平衡和稳定，故知觉传递是动态的平衡系统。

2. 知觉表达

作用于人的各种环境因子，如果是物理刺激，则可用物理量来测量。如引起视觉的光和色，可通过光谱仪和色谱仪来确定其波长等物理量；如果引起肤觉温感或湿感的，则可通过温度计或湿度计来测量。如果引起肤觉痛感的，可以通过压力计来测量其压力大小；如果引起听觉关于响度和频率等的感觉，也可以通过声音测量仪来测量其声压的大小和声频的高低。总之，由于物理因素的刺激可产生的知觉效应，均可用有关测量仪检测刺激的强度，得出有关物理量表。即知觉的物理量，可以用有关物理度量单位来表达。如果引起嗅觉是关于气味、有害气体的种类和含量等问题，则可用有关化学试剂和气体分析仪等来测定。如果引起嗅觉的是关于粉尘的问题，则可用尘埃计数器来测定其含量的多少；如果引起味觉是酸、碱度等问题，同样要用有关化学试剂来测定。总之，由于化学因素的刺激可产生的知觉效应，均可用有关化学试剂和仪器来检测刺激强度，得出化学量表。

然而，许多知觉效应是无法用物理或化学方法来检测的。如一个工程师进行照明设计时，要使一个室内空间的亮度是另一个空间亮度的两倍。如果他只是把灯光的瓦数加倍，会发现所增加的亮度很小。这说明只用物理量是不能测量所有因子的。因为刺激的物理量等值的增加或减少，并不一定引起感觉上等量的变化。为了弄清刺激的变化和感觉的变化之间的关系，就应建立能够度量阈上感觉的心理量表。

心理量表可分为顺序量表、等距量表和比例量表三个类型。

顺序量表既没有相等单位又没有绝对零，只是把事物按照某种标志排出一个顺序。例如赛跑时不用秒表计时，先到终点的是第一名，次到的是第二名，再次是第三名，如此办法也能确定名次，在某种意义上也算对赛跑速度进行了度量。但此法不能确切地告知第一名和第二名、第三名之间的速度相差多少，也没有相等的单位。这是一种最粗糙的量表，对这些对象的数据既不能用加减法也不能用乘除法来处理。

等距量表又先进了一步。根据等距量表我们不仅能知道两事物之间在某种特点上有无差别，还可以知道差多少。比如由于寒流的侵袭，甲地由20℃降到10℃，乙地由10℃降到0℃，说明两地气温降低幅度是相等的，都降了10℃。这就说明了等距量表有相等单位，但没有绝对零，对这些数据只能用加减法而不能用乘除法。

比例量表比等距量表又进了一步。它既有相等单位又有绝对零。例如尺、斤、圆周的度量都属这一类量表。如4尺长的绳子是2尺长的两倍，也可以说4尺长的绳子比2尺多2尺长。这些数据可以用加减法也可用乘除法来处理。比如评价两个室内空间大小时，可用此量表。但要评价两个室内空间哪个给人的感觉好一些，就不能用此量表而要用顺序量表。

综上所述，知觉效应的表达是通过测量环境因子的刺激量来实现的。不同因子有不同的表达方式，各有不同的度量单位。对于从事设计的人员来说，最重要的是分清不同环境因子作用于人体感官所产生的知觉效应，如何确定其刺激量的科学的阈限。

二、感觉和知觉

知觉和感觉是指人对外界环境的一切刺激信息的接收和反应能力。了解知觉和感觉有助于了解人的心理，为室内外环境设计确定适应于人的标准，有助于我们根据人的特点去创造适应于人的生活环境。

人用来收取外界的信息，将之传到神经中枢，再由中枢判断并下达命令给运动器官以调整人的行为，这就是人的知觉和感觉的过程。知觉与感觉器官的共同特征是：知觉时间、反应时间、疲劳、感觉叠加。

（一）感觉

感觉（Sensation）"是客观刺激作用于感受器官，经过脑的信息加工活动所产生的对客观事物的基本属性的反应"。感觉是人大脑对于客观事实的个别情况的反映，这是最简单的一种心理现象，是心理活动的基础。它分为外部感觉如视觉、听觉、味觉、皮肤感觉等。它们的感觉器官称为外在分析器，也是眼、耳、口、鼻、皮肤的生理基础。这与环境设计的关系最为密切。另一种是内部感觉如运动感觉、平衡感觉等，它们的感觉器官称为内在分析器，如肌肉、肌腱和关节的运动感觉器，耳内的前庭器官是平衡感觉器，呼吸器、胃壁等内脏器官是内脏感觉器。这同室内热环境等设计有关，当室内环境不能满足内在分析器的生理和心理要求时，则会出现"建筑病综合征"。另外，还有一些感觉是属于几种感觉的结合，如触觉就是皮肤感觉和运动感觉的结合。有的感觉既可能是外部感觉，也可能是内部感觉。

（二）知觉

知觉（Perception）是"人对客观环境和主体状态的感觉和解释过程"。

知觉可分为图形知觉、空间知觉、深度知觉、时间知觉和运动知觉等。空间知觉是指人对物体的空间特性的反映。物体的空间特性包括物体的形状、大小、远近、方位等，因而产生形状知觉、大小知觉、距离知觉、立体知觉和方位知觉。

空间知觉是室内外环境设计的基础，根据其特性可创造出丰富多彩的室内外空间环境。时间知觉是人对时间的知觉，是依靠人体感官（主要是视觉）与客观物体的参照物比较而产生的，如太阳和月亮的移动，感知时间的推移；

现在和过去的比较，感知时间的进程，其次是生理的变化引起感知时间的变化。

三、视觉与视觉环境设计

（一）视觉特性

1. 光知觉特性

光是人们认识世界一切物体的媒介，是视觉的物质基础。光的本质是电磁波，可见光谱是 400～76013In，即红外线至紫外线之间的光谱，眼睛对此范围内的光谱反应最有效。人对光的刺激反应表现为分辨能力、适应性、敏感程度、可见范围、变化反应和立体感等一系列光觉特性。

2. 颜色知觉特性

颜色的本质同光一样是不同频率的电磁波，各种颜色的波长也在可见光的光谱范围内。人对颜色的反应表现在颜色的色调、明度和饱和度及其心理表现等基本特性的知觉。

3. 形状知觉特性

光对物体各部分的作用不同，便产生了人对物体形状的图形知觉。故形状知觉特性表现为人对图形和背景，良好形态和空间形象的认识。

4. 质地知觉特性

由于光对物体表现作用的差异，物体表面质地也就呈现出来。人对物体表面质地的感觉，即质感，表现为光洁程度、坚硬或柔软度等。

5. 空间知觉特性

人在空间视觉中依靠多种客观条件和机体内部条件来判断物体的空间位置，从而产生空间知觉。空间知觉特性表现为人对空间的开放性、封闭性等的认识。

6. 时间知觉特性

由于光对物体和环境作用的强度和时间长短的不同，人对环境的适应和辨别率也不一样，这就是视觉的时间特性。

7. 恒常特性

人对固定物体的形状、大小、质地、颜色、空间等特性的认识，不因时间和空间的变化而变化，这就是视觉的恒常性。

由于环境因子刺激量和人的接受水平的差异，故同一环境给每个人的反应是各不相同的。在众多因子中，光和颜色对环境氛围的影响最大。

（二）光线与视觉

1. 人与光线

有了光线才有了人类，才有了世界，人类离不开光线。对光的知觉，是人类感受器官最朴素、最基本的功能。

（1）光线的作用

众所周知，太阳光线不仅具有生物学及化学作用，同时对于人类生活和健康也具有重要意义。利用光线造福人类，防止光线的伤害是人类的本能和智慧。直射的阳光对人们居住的房间具有杀菌作用，利用阳光甚至可以治疗某些疾病。阳光中的红外线具有大量的辐射热，在冬天可借此提高室温。同时，光能改变周围环境，利用光线可以创造丰富的艺术效果。

（2）光线的负面伤害

光线也有许多不利的地方。长期在阳光下工作容易疲劳；过多的紫外线照射容易使皮肤发生病变；过多的直射阳光在夏季会使室内产生过热现象；不合理的光照，会使工作面产生炫目反应，甚至伤害视力。因此要合理利用阳光，科学地进行采光和照明设计，以保证人体健康，创造舒适的室内环境。

（3）室内光的利用和遮挡

利用直射阳光照亮室内环境、制造室内环境气氛，提高卫生水平，要保证建筑的合理间距，选择好采光口。利用直射阳光进行日光浴、治疗疾病也要选择采光方向和采光口位置及建筑保温较适宜的。

采用人工照明照亮室内环境、制造室内环境气氛要选择合理的光源及正确的照明设计。

防止夏季过多的直射阳光进入室内需要采取建筑遮阳、建筑隔热的措施。

2. 视觉机能

根据视觉系统和视觉刺激的特点，视觉机能表现在以下几个方面。

（1）视力

视力是眼睛测小物体和分辨细节的能力。它随被观察物体的大小、光谱、相对亮度和观察时间的不同而变化。

影响视力最明显的因素是光的亮度，视力与亮度成正比。背景越亮，视力的清晰度越高，并且有一个上限和下限。亮度的实质是被照物体表面的光辐射能量。视网膜上的感光细胞对不同亮度的敏感度是不一样的，只有达到一定亮度时才能发挥作用。同时由于眼的调节，具备收缩和放大作用，故其变化也有一定的范围。

（2）适应

人的感觉器官在外界条件刺激下，由于生理机制会使感受性发生变化。它既能免受过强刺激的损害，又能对弱刺激具有敏感的反应能力，还可以同时对几个刺激进行比较。这种感觉器官感受性变化的过程及其变化达到的状态就叫适应。

（3）立体视觉

人的视网膜呈球面状，所获得的外界信息也只能是二维的影像。然而，人能够知觉客观物体的三维深度，这就是立体视觉。

立体视觉的产生原因有客观环境的图像关联因素，也有人体的生理性关联因素。

人体生理性关联因素有两眼视差、机体调节、两眼辐合和运动视差。两眼视差是物体在左右眼球视网膜里的投影呈现出稍微不同的映象。大脑的机能将两个不同的图像重合成一个立体图像再现出来。

眼球的毛状肌使晶状体的曲率改变叫调节，而调节时的肌肉紧张感觉能判断物像的距离。故能识别物体的立体图像。

立体视觉为物体的立体感知提供了理论依据。在室内景观设计和造型设计时，既要考虑视觉图形的客观规律，也要考虑立体视觉的特点，以使设计更符合视觉要求。

3. 视度

视度就是观看物体清晰的程度。这个问题是天然采光及人工照明的共同基础，也是建筑光学所要解决的主要问题之一。

物体的视度与以下五个因素有关：

（1）物体的视角；

（2）物体和其背景间的亮度对比；

（3）物体的亮度；

（4）观察者与物体的距离；

（5）观察时间的长短。

四、听觉与听觉环境设计

(一) 听觉环境

室内听觉环境包括两大类，一类是音响、声学设计的问题；另一类是如何消除噪声，即噪声控制。

1. 室内噪声控制

噪声控制主要从三个方面着手，即声源、声音的传递过程和声音的接收（个人防护）。

（1）控制声源

控制噪声源是减低室内噪声最有效的方法。首先要在建筑规划时就要考虑室外环境噪声对室内的影响。设计前要做好调查工作，将环境噪声的强度和分布情况制定出噪声地图力求使室内对音质要求高的房间远离噪声源。办公室、绘图室和所有进行脑力作业的房间应尽量安排在离噪声远的地方。设计时，应将噪声大的房间尽量远离要求集中精力和发挥技能的房间，中间用其他房间隔开作为噪声的缓冲区。

对于室内噪声源的控制也可以采用以下三种方法。

①降低声源的发声强度。主要是改善设备性能。车间里的机器设备要尽可能采用振动小、发声低的机器。对于民用建筑的空调设备，特别是冷水机组的压缩机，要尽可能选用噪声小的机器。对于在道路、办公区、商业区及住宅区内的机动车，要限制其喇叭声。

②改变声源的频率特性及其方向性。对于机器设备的声源主要由制造厂家改进设计，而对使用单位来说主要是合理的安装，尽可能不要将设备的发声方向同声音的传播方向一致。

③避免声源与其相邻传递媒质的耦合。这主要是改进设备的基座，减少固体声的传播。最有效的方法是设置减震装置。可以通过加固、加重、弯曲变形等手法处理产生噪声的振动体；也可采用不共振材料来降噪。所以，重型机械必须牢固地固定在水泥和铸铁地基上，也可安装在带消声隔层的地基上。根据机器的类型，可使用弹簧、橡胶、毛毡等消声材料。

此外，在有多种声源同时存在的情况下，根据噪声级的叠加原理，即总噪声级不等于各个声压级的代数和，而是等于各个声源声压的方均根值。故噪声控制时，首先要控制最强的噪声源。

（2）控制声音的传递过程

声音的传递主要是空气传递和固体传递。

①增加传递途径。随着传递时间的增加或传递距离的增加，声音的声强会逐渐减弱，故尽可能将噪声源远离使用者停留的地方。如民用建筑中采用分体式空调，将噪声大的声源作为室外机组置于户外，将电冰箱远离卧室放在厨房中，将车库或空调设备置于地下室，将冷却设备置于屋顶，等等。

②吸收或限制传递途径上的声能。主要是采用吸声处理，在有声源的房间里，将顶棚和墙面布置吸声材料，房间的墙和顶棚上安装吸音材料可进一步消声。其作用是吸收部分声能，减少声音反射和回声影响。

2. 隔声

隔声的方法主要有三种形式：

（1）对声源的隔声可采用隔声罩

（2）对接收者的隔声

可采用隔声间的结构形式。如空调机房、锅炉房等噪声源强的地方，可为工作人员设置独立的控制室，使其与噪声源隔开。

（3）对噪声传播途径，可采用隔声墙与声屏的结构形式

如在织布机旁设置隔声屏，对防止噪声传播和叠加效果较好。隔声屏的位置应靠近噪声源或接收者，并做有效的吸声处理。为了便于电源引线和维修，可在隔声墙上开口，但开口面积不能超过隔声间面积的 10%。建筑中，设计两个房间的隔层时应考虑墙、门、窗及天窗等对噪声的隔声作用。

（二）室内音质设计

室内音质设计的根本目的就是根据声音的物理性能、听觉特征、环境特点，创造一个符合使用者听音要求的良好的室内声环境。这些建筑环境一般指音乐厅、剧院、会堂、礼堂、电影院、体育馆、多功能厅等公共建筑，以及录音室、播音室、演播室、实验室等具有声音要求的专业用房。关于住宅等一般民用建筑和工业建筑，其室内的声环境主要是噪声控制和隔振问题。

室内音质设计是要保证这些室内场所没有音质缺陷和噪声干扰，同时要根据室内环境的使用要求，保证声音具有合适的响度、声能分布、一定的清晰度和丰满度。因此，在设计前要根据使用要求，制定出合适的声学指标，在设计时应与规划、工艺、建筑、结构设备等各工种密切配合，以便经济合理地满足

声学要求。

五、触觉与触觉环境

皮肤的感觉即为触觉（或叫肤觉）。它能感知室内外热环境的质量：感知空气的湿度和温度的大小分布及其流动情况；感知室内外空间、家具、设备等各个界面给人体的刺激程度：感知振动大小、冷暖程度、质感强度等。除了视觉器官外，触觉也能感知物体的形状和大小。

第四节　无障碍化环境艺术设计

一、无障碍化概念与标准

（一）无障碍化概念

无障碍环境包括物质环境、信息和交流的无障碍。物质环境无障碍主要是指：城市道路、公共建筑物和居住区的规划、设计、建设应方便残疾人通行和使用，如城市道路应满足坐轮椅者、挂拐杖者通行和方便视力残疾者通行，建筑物应考虑出入口、地面、电梯、扶手、厕所、房间、柜台等设置残疾人可使用的相应设施和方便残疾人通行道路等。信息和交流的无障碍主要要求：公共传媒应使听力和视力残疾者能够无障碍地获得信息，进行交流，如影视作品、电视节目的字幕和解说，电视手语，盲人有声读物等。

近几年，无障碍设计更多地出现在城市的公共设施建设及小区的建设中，人行道上设置了坡道和盲道，公共卫生间也增加了专供老人或残疾人使用的厕位等，从更深层次上说，无障碍不仅仅限于老人、残疾人这样的特殊群体，同时也是人性的共同需求。比如，公共台阶的无伤害化处理等都可以列入无障碍的范畴。无障碍设计就是在营造一个更加人性化、更舒适的环境。

（二）国际通用的无障碍设计标准

1. 在一切公共建筑的入口处设置取代台阶的坡道，其坡度应不大于1/12；

2. 在盲人经常出入处设置盲道，在十字路口设置利于盲人辨向的音响设施；

3. 门的净空廊宽度要在 0.8m 以上，采用旋转门的需另设残疾人入口；

4. 所有建筑物走廊的净空宽度应在 1.3m 以上；

5. 公厕应设有带扶手的坐式便器，门隔断应做成外开式或推拉式，以保证轮椅方便进入内部空间；

6. 电梯的入口净空宽度应在 0.8m 以上。

（三）我国的《城市道路和建筑物无障碍设计规范》标准

1. 城市道路。城市道路实施无障碍的范围是人行道、过街天桥与过街地道、桥梁、隧道、立体交叉的人行道、人行道口等。无障碍内容是设有路缘石（马路牙子）的人行道，在各种路口应设缘石坡道；城市中心区、政府机关地段、商业街及交通建筑等重点地段应设盲道；公交候车站地段应设提示盲道；城市中心区、商业区、居住区及主要公共建筑设置的人行天桥和人行地道应设符合轮椅通行的轮椅坡道或电梯，坡道和台阶的两侧应设扶手，上口和下口及桥下防护区应设提示盲道；桥梁、隧道入口的人行道应设缘石坡道，桥梁、隧道的人行道应设盲道；立体交叉的人行道口应设缘石坡道，立体交叉的人行道应设盲道。

2. 居住区。居住区实施无障碍的范围主要是道路、绿地等。无障碍要求是，设有路缘石的人行道在各路口应设缘石坡道；主要公共服务设施地段的人行道应设盲道，公交候车站应设提示盲道；公园、小游园及儿童活动场的道路应符合轮椅通行要求，公园、小游园及儿童活动场道路的入口应设提示盲道。

3. 房屋建筑。房屋建筑实施无障碍的范围是办公、科研、商业、服务、文化、纪念、观演、体育、交通、医疗、学校、园林、居住建筑等。无障碍要求是建筑入口、走道、平台、门、门厅、楼梯、电梯、公共厕所、浴室、电话、客房、住房、标志、盲道、轮椅等应依据建筑性能配有相关无障碍设施。

4. 城市道路和建筑物的无障碍设计必须严格执行有关方针政策和法律法规，以为残疾人、老年人等弱势群体提供尽可能完善的服务为指导思想，并应贯彻安全、适用、经济、美观的设计原则。

二、无障碍化环境艺术设计理念

(一) 无障碍化理念

1. 确保垂直、水平方向行动的无障碍化

对于出行、饮食、游玩、工作、休息、学习和医疗等日常生活中必不可少的基本活动，应当设计可满足这些活动的空间。其中，进行规划和设计的首要任务就是确保任何人对自己所去之处，都能按照自己的意愿毫无障碍地出入和使用。

许多老年人和残疾人都不愿意拖累他人，他们将自己的目标锁定在生活自立、行动自理上。确保出行环境无障碍化就是以此为目标，促进平等参与社会活动并形成他们精神上的自立。

2. 任何人都可以利用的空间

任何人都可以利用的空间，就是通用化技术标准（通用设计）的实践问题。不再区分残疾人和健康者的使用形式，设计出各种不同的人都能利用的建筑空间。也就是将标准具体化，才能确保建筑空间和建筑成本的经济性。采用成本低、性能可靠的机械设备，实现空间利用的省力化是迈向通用化的第一步。在深入考虑了这些基本问题后，通过将来的改、扩建，或进行个别的改造处理，也可以促进设施空间的共用化。可以说除了需要特殊对待的视觉、音响、振动等所产生的信息传递外，设计条件基本上是一样的。

3. 考虑安全性

设计的基本思想是能够安全地出入或使用建筑物等，并做到在出入时不被绊倒或发生磕碰，特别是对那些复杂的综合性建筑物和城市构筑物，必须考虑到紧急情况发生时的逃生路线。例如，不得有很微小的高差；不得使用那些湿后易滑的地面材料；为了防止在跌倒时不发生危险，应设置扶手或栏杆。

4. 无障碍的舒适化设计

老龄化社会的市民生活方式将逐渐呈现多样化。居住以及就业、交通、文化、艺术、体育与娱乐消遣设施等不仅方便人们使用，同时还应具有美感、舒适的设计。

(二) 无障碍化环境艺术设计对象

通常情况下，可根据建筑物的不同，将那些行动不便或生活受限的市民作

为设计对象，这其中主要是指老年人和残疾人。在为老年人和残疾人考虑的建筑设计规划中，首先应当考虑的就是出行和使用受限制等因素。这些大多可以通过相关的方式来解决。

1. 老年人的特点

（1）运动机能。随着年龄增长出现的肢体动作迟缓，可能会被路面上一个很小的凸起而绊倒，脚力、上下肢肌肉力量、背力、握力和呼吸机能将会降低；而且对危险运动的神经反射及平衡能力也会降低，并容易出现碰撞等危险。很多情况下，这种运动机能的降低都伴有老年性疾患。如果老年人下肢有障碍就不能正确地坐立，这时椅子的形状就是一个很关键的因素。应当注意的是，老年人的动作幅度与青壮年时期相比将会有很大的变化，如由于身材比年轻时矮，伸手够东西能力不如年轻人等。

（2）感觉机能。一般情况下，老年人的感觉机能是按照视觉、听觉、嗅觉和触觉的顺序下降的。如果连颜色和亮度的识别能力也开始衰退时就会大大影响日常生活。对于视觉的降低，虽说可以加大室内环境的光亮度来提高视力，但在设计中也要尽量避免阳光直射、强光、色彩强烈对比以及高亮度等对眼睛的刺激，这种度的把握需要认真分析和仔细考虑。随着年龄的增长，老年人的听力也会逐步下降，特别是对高频声音的听力下降幅度会比较大，听力下降后，就容易对社会生活产生孤独感。因此我们不难理解为什么儿童的声音对老年人来说就如同天籁之声，一方面是儿童的音频高一些，另一方面是儿童的童真能够很容易消除老年人的孤独感。此外，由于老年人方向感的降低容易导致迷路和走失，在设计时还应注意在建筑室内外环境中设置统一、易识别的标志。

（3）心理机能。如果记忆力、判断力下降就会出现看不懂导游图、产品使用说明书、街牌等障碍，这就需要设计浅显易懂的标志、文字、符号和字母等，并根据情况给予他们一定的帮助。

2. 有关老年人的城市无障碍设计概念

（1）交通环境。随着城市交通网络的完善，许多城市步行空间环境正在逐步让位于车行空间环境。老年人自驾车出行的现实性和比率都很小，大部分人的交通问题主要靠步行和乘车，而在脚力能够所及的范围内，考虑到经济性、健康性，老年人都偏重步行。对老年人来说，过去步行就能到达的离居住地较近的银行、商场及社区医疗、卫生、保健场所等目的地，对于车行道路的干扰，不得不绕行或上下人行天桥、循行斑马线、走地下人行通道，使实际步行距离加大，造成出行不便。

城市步行环境与无障碍设计的普及有很大关系，也与城市设计、规划设计、街区设计、环境设计等对老年人的综合关注度有关。在城市规划和城市设计中，一方面使街区或住区内部的商业、金融、卫生医疗、教育、邮电等服务设施合理布局，增强其辐射面，使步行距离最远不超过 500m；另一方面要避免在住区、街区与这些服务网点间被车行道横穿。由于老年人方向感的降低容易导致迷路和走失，在设计时还应注意在这些室外环境中设置统一、易识别的标志。

由于老年人运动机能下降、反应和行动迟缓，目前对老年人来说，城市交通环境的问题最突出。当老年人出行不得不依靠公交系统时，现实中却存在很大的不足。其中隐患最大、最需要尽快解决的是公共汽车的踏步问题。

（2）出行环境。一些临街的商业、金融、医疗保健等机构的入口台阶过高过滑，也就是市政道路和建筑红线间的细节过渡处理不好，导致老年人上下台阶不安全、不方便。

老年人出行的第一目的就是购买生活用品，大型超市、中小型商场、商店和便利店等商品服务机构和场所给老年人的生活带来了便利。许多超市的休息椅设置在自选购物区外，要想坐在椅子上休息就不得不中断购物，给购物带来很大的不便。即使设置座椅，数量也远远达不到要求。

改进的方法：设置足够的座椅在购物区内。如果这些超市日人流量为 20000 人，假设老年人的比例为 25%，则一天内会有 500 位老人购物。由于老年人购物受工作和休息时间性限制不大，则任何时段的购物人数概率相等，以超市一天营业 12 小时算，每小时就会接待 41 位老人，再假定每人购物时间是 1 小时，那么超市中最少要设 40 个休息座椅。

3. 肢体残障者

在身体残障者中，下肢、上肢、躯干有残障的人统称为肢体残障者。这些残障者的致残原因有的是先天残疾，有的是交通、工伤事故等所造成的残疾。由于肢体残障者的残障程度不同，所使用的辅助工具也各有不同，给调研工作带来了很大的困难。而且，这方面的资料大多来自专业的医疗机构，很难用人工学的术语和标准来描述和衡量，因此，有关肢体残障者的研究只是刚刚起步。

无论何种肢体残障者，如拄拐者、乘轮椅者，由于身体状况，都会使行动受到一定的限制，因此，他们的活动空间常常比正常人小；使用工具的范围有时比正常人多，但有时比正常人少。虽然他们无论是先天还是后天在生理上存在着缺陷，除非肢体残障程度很深，大多数人能够靠自己的锻炼和努力做到生活自理。因此，在生理上他们需要的是家人、亲朋和周围人的帮助和支持，哪怕是一点点帮助，都会给他们解决很多困难和问题。

大多数肢体残障者心理上的坚强指数高于常人，他们具有超常的毅力、耐力和思考能力，几乎所有人都在心理上渴望他人对自己的承认和认可。因此，在心理上，他们更多需要的是社会和他人的尊重和认可，而不是同情和怜悯；而且，心理上的健康、积极向上会激发他们的生理潜力，以坚强的斗志战胜残疾所带来的生活和工作上的不便。所以，对肢体残障者心理上的关注要比生理上的关注更为重要。

4. 无家可归者

无家可归者也称为流浪者，他们没有固定的居所，大都靠乞讨、捡拾垃圾或出卖劳力为生，也有的人靠偷窃为生。无论我们在心理和道义上如何同情他们，客观上他们都会给社会带来一定的负面效应，尤其是后者，给社会和生活带来的危害更大。

大多数无家可归者是儿童、老人，他们由于种种原因失去家人或被家人遗弃，文化程度低，自食其力的能力较差，身体健康状况下降，常常伴有疾病，生存环境恶劣、生存境况令人担忧。他们最需要社会和他人伸出援助之手。

还有一部分无家可归者是青壮年人，他们也不能自食其力，靠各种手段维持生存。身体的健康状况要优于儿童和老年的无家可归者，但此类人大部分在心理上都存在很多的问题，最容易给社会带来不良后果。

从生活境况上看，无家可归者生活在社会的最底层，而且生活边缘化的趋势会越来越严重，最后导致犯罪发生或死亡。生存状况和生存条件的改善是他们的第一需要，其次是家庭的需要，无论是个人、家庭还是社会大家庭都会给他们的生活带来转机。家庭能够给他们带来生活上所需的物质条件和基础，更能够给他们带来心灵上的安慰。因此，对无家可归者来说，回归家庭是最好的解决方法。如果不具备回归家庭的条件，那么社会上的各种性质的收容所就成为他们的家。只有回到家里，才能使他们的生存和生活得到基本保障，使他们的心理创伤渐渐得到恢复，以便更好地融入社会大家庭中来。

第五章
基于设计材料领域的环境艺术设计

第一节　环境艺术设计的生态设计材料分析

生活中常用的环境设计材料主要有黄沙、水泥、黏土砖、木材、人造板材、钢材、瓷砖、合金材料、天然石材和各种人造材料。下面论述的各种材料具有生态性和鲜明的时代特征，同时也反映出环境设计行业的一些特点。

一、常用设计材料的分类

在工业设计范畴内，材料是实现产品造型的前提和保障，是设计的物质基础。一个好的设计者必须在设计构思上针对不同的材料进行综合考虑，倘若不了解设计材料，设计只能是纸上谈兵。随着社会的发展，设计材料的种类越来越多，各种新材料层出不穷。为了更好地了解材料的全貌，可以从以下几个角度对材料进行分类。

（一）以材料来源为依据的分类

第一类是包括木材、皮毛、石材、棉等在内的第一代天然材料，这些材料在使用时仅对其进行低度加工，而不改变其自然状态。

第二类是包括纸、水泥、金属、陶瓷、玻璃、人造板等在内的第二代加工材料。这些也是采用天然材料，只不过是在使用的时候，会对天然材料进行不同程度的加工。

第三类是包括塑料、橡胶、纤维等在内的第三代合成材料。这些高分子合成材料是以汽油、天然气、煤等为原材料化合而成的。

第四类是用各种金属和非金属原材料复合而成的第四代复合材料。

第五类是拥有潜在功能的高级形式的复合材料，这些材料具有一定的智能，可以随着环境条件的变化而变化。

（二）以形态为依据的分类

设计选用材料时，为了加工与使用的方便，往往事先将材料制成一定的形态，即材形。不同的材形所表现出来的特性会有所不同，如钢丝、钢板、钢锭的特性就有较大的区别：钢丝的弹性最好，钢板次之，钢锭则几乎没有弹性；而钢锭的承载能力、抗冲击能力极强，钢板次之，钢丝则极其微弱。按材料的外观形态通常将材料抽象地划分为三大类。

1. 线状材料

线状材料即线材，通常具有很好的抗拉性能，在造型中能起到骨架的作用。设计中常用的有钢管、钢丝、铝管、金属棒、塑料管、塑料棒、木条、竹条、藤条等。

2. 板状材料

板状材料即面材，通常具有较好的弹性和柔韧性，利用这一特性，可以将金属面材加工成弹簧钢板产品和冲压产品，面材也具有较好的抗拉能力，但不如线材方便和节省，因而实际中较少应用。各种材质面材之间的性能差异较大，使用时因材而异。为了满足不同功能的需要，面材可以进行复合形成复合板材，从而起到优势互补的效果。设计中所用的板材有金属板、木板、塑料板、合成板、金属网板、皮革、纺织布、玻璃板、纸板等板状材料。

3. 块状材料

块状材料即块材，通常情况下，块材的承载能力和抗冲击能力都很强，与线材、面材相比，块材的弹性和韧性较差，但刚性很好，且大多数块材不易受力变形，稳定性较好。块材的造型特性好，其本身可以进行切削、分割、叠加等加工。设计中常用的块材有木材、石材、泡沫塑料、混凝土、铸钢、铸铁、铸铝、油泥、石膏等。

二、常用的设计材料举例

（一）木材制品

木材由于其独特的性质和天然纹理，应用非常广泛。它不仅是我国具有悠久历史的传统建筑材料（如制作建筑物的木屋架、木梁、木柱、木门、窗等），也是现代建筑主要的装饰装修材料（如木地板、木制人造板、木制线条等）。

木材由于树种及生长环境不同，其构造差别很大，而木材的构造也决定了木材的性质。

1. 木材的叶片分类

按照叶片的不同，主要可以分为针叶树和阔叶树。

针叶树，树叶细长如针，树干通直高大，纹理顺直，表观密度和胀缩变形较小，强度较高，有较多的树脂，耐腐性较强，木质较软而易于加工，又称"软木"，多为常绿树。常见的树种有红松、白松、马尾松、落叶松、杉树、柏木等，主要用于各类建筑构件、制作家具及普通胶合板等。

阔叶树，树叶宽大，树干通直部分较短，表观密度大，胀缩和翘曲变形大，材质较硬，易开裂，难加工，又称"硬木"，多为落叶树。硬木常用于尺寸较小的建筑构件（如楼梯木扶手、木花格等），但由于硬木具有各种天然纹理，装饰性好，因此可以制成各种装饰贴面板和木地板。常见的树种有樟木、榉木、胡桃木、柚木、柳桉、水曲柳及较软的桦木、椴木等。

2. 木材的用途分类

按加工程度和用途的不同，木材可分为原木、原条和板方材等。原木是指树木被伐倒后，经修枝并截成规定长度的木材。原条是指只经修枝、剥皮，没有加工造材的木材。板方材是指按一定尺寸锯解，加工成型的板材和方材。

（二）石材制品

1. 石材的类别划分

（1）大理石

大理石是变质岩，具有致密的隐晶结构，硬度中等，碱性岩石。其结晶主要由云石和方解石组成，成分以碳酸钙为主（约占 50% 以上）。我国云南省大理市以盛产大理石而驰名中外。大理石经常用于建筑物的墙面、柱面、栏杆、窗台板、服务台、楼梯踏步、电梯间、门脸等，也常常被用来制作工艺品、壁面和浮雕等。大理石具有独特的装饰效果，品种有纯色及花斑两大系列，花斑系列为斑驳状纹理，多色泽鲜艳，材质细腻，抗压强度较高，吸水率低，不易变形，硬度中等，耐磨性好，易加工，耐久性好。

（2）花岗岩

花岗岩石材常备用作建筑物室内外饰面材料以及重要的大型建筑物基础踏步、栏杆、堤坝、桥梁、路面、街边石、城市雕塑、铭牌、纪念碑、旱冰场地面等。

花岗岩是指具有装饰效果，可以磨平、抛光的各类火成岩。花岗岩具有全品质结构，材质硬，其结晶主要由石英、云母和长石组成，成分以二氧化硅为主，占 65%～75%。花岗岩的耐火性比较差，而且开采困难，甚至有些花岗岩里还含有危害人体健康的放射性元素。

（3）人造石材

人造石材主要是指人工复合而成的石材，包括水泥型、复合型、烧结型、玻璃型等多种类型。

我国在 20 世纪 70 年代末开始从国外引进人造石材样品、技术资料及成套设备，80 年代进入生产发展时期。目前我国人造石材有些产品质量已达到国际同类产品的水平，并广泛应用于宾馆、住宅的装饰装修工程中。

人造石材不但具有材质轻、强度高、耐污染、耐腐蚀、无色差、施工方便等优点，且因工业化生产制作，板材整体性极强，可免去翻口、磨边、开洞等再加工程序。一般适用于客厅、书房、走廊的墙面，门套或柱面装饰，还可用作工作台面及各种卫生洁具，也可加工成浮雕、工艺品、美术装潢品和陈设品等。

2. 石材的选择及其在环境艺术设计中的应用

（1）观察表面

受地理、环境、气候、朝向等自然条件的影响，石材的构造也不同，有些石材具有结构均匀、细腻的质感，有些石材则颗粒较粗，不同产地、不同品种的石材具有不同的质感效果，必须正确地选择适用的石材品种。

（2）鉴别声音

听石材的敲击声音是鉴别石材质量的方法之一。好的石材其敲击声清脆悦耳，若石材内部存在轻微裂隙或风化导致颗粒间接触变松，则敲击声粗哑。

（3）注意规格尺寸

石材规格必须符合设计要求，铺贴前应认真复核石材的规格尺寸是否准确，以免造成铺贴后的图案、花纹、线条变形，影响装饰效果。

（三）塑料制品

1. 塑料制品的类别划分

（1）塑料地板

塑料地板主要有以下特性：轻质，耐磨，防滑，可自熄，回弹性好，柔软度适中，脚感舒适，耐水，易于清洁，规格多，造价低，施工方便，花色品种多，装饰性能好，可以通过彩色照相制版印刷出各种色彩丰富的图案。

（2）塑料门窗

相对于其他材质的门窗来讲，塑料门窗的绝热保温性能、气密性、水密性、隔声性、防腐性、绝缘性等更好，外观也更加美观。

（3）塑料壁纸

塑料壁纸是以一定材料为基材，表面进行涂塑后，再经过印花、压花或发泡处理等多种工艺制成的一种饰面装饰材料。常见的有非发泡塑料壁纸、发泡塑料壁纸、特种塑料壁纸（如耐水塑料壁纸、防霉塑料壁纸、防火塑料壁纸、防结露塑料壁纸、芳香塑料壁纸、彩砂塑料壁纸、屏蔽塑料壁纸）等。

塑料壁纸质量等级可分为优等品、一等品、合格品三个品种，且都必须符合国家关于《室内装饰装修材料壁纸中有害物质限量》强制性标准所规定的有关条款。塑料壁纸具有以下特点。

①装饰效果好。由于壁纸表面可进行印花、压花及发泡处理，能仿天然木材、木纹及锦缎，达到以假乱真的地步，并通过精心设计，印刷适合各种环境的花纹图案，几乎不受限制，色彩也可任意调配，做到自然流畅，清淡高雅。

②性能优越。根据需要可加工成难燃、隔热、吸声、防霉，且不易结露，不怕水洗，不易受机械损伤的产品。

③适合大规模生产。塑料的加工性能良好，可进行工业化连续生产。

④粘贴方便。纸基的塑料壁纸，用普通胶或白乳胶即可粘贴，且透气好，可在尚未完全干燥的墙面粘贴，而不致造成起鼓、剥落。

⑤使用寿命长，易维修保养。表面可清洗，对酸碱有较强的抵抗能力。

2. 塑料的选择及其在环境艺术设计中的应用

（1）生态垃圾桶

生态垃圾桶由意大利设计师劳尔·巴别利设计。此款垃圾桶的设计目的是制作一个清洁、小巧、有个性的、具有亲和力的产品。此款设计最引人注意的是垃圾桶的口沿，可脱卸的外沿能将薄膜垃圾袋紧紧卡住。口沿上的小垃圾桶可用来进行垃圾分类。产品采用不透明的 ABS 塑料或半透明的聚丙烯塑料经注射成型而得。产品内壁光滑易于清理，外壁具有一定的肌理效果。

（2）"LOTO" 落地灯和台灯

由意大利设计师古利艾尔莫·伯奇西设计的 "LOTO" 灯，其特别之处在于灯罩的可变结构。灯罩是由两种不同尺寸的长椭圆形聚碳酸酯塑料片与上下两个塑料套环连接而成，灯罩的形态可随着塑料套环在灯杆中的上下移动而改变。

（四）陶瓷制品

1. 陶瓷砖的类别划分

（1）釉面砖

釉面砖又名"釉面内墙砖""瓷砖""瓷片釉面陶土砖"。釉面砖是以难熔黏土为主要原料，再加入非可塑性掺料和助熔剂，共同研磨成浆，经榨泥、烘干成为含有一定水分的坯料，并通过机器压制成薄片，然后经过烘干素烧、施釉等工序制成。釉面砖是精陶制品，吸水率较高，通常大于10%（不大于21%）的属于陶质砖。

釉面砖正面施有釉，背面呈凹凸状，釉面有白色、彩色、花色、结晶、珠光、斑纹等品种。

（2）墙地砖

墙地砖以优质陶土为原料，再加入其他材料配成主料，经半干并通过机器压制成型后于1100℃左右焙烧而成。墙地砖通常指建筑物外墙贴面用砖和室内、室外地面用砖，由于这类砖通常可以墙地两用，故称为"墙地砖"。墙地砖吸水率较低，均不超过10%。墙地砖背面旱，凹凸状以增加其与水泥砂浆的黏结力。

墙地砖的表面经配料和工艺设计可制成平面、毛面、磨光面、抛光面、花纹面、仿石面、压花浮雕面、无光釉面、金属光泽面、防滑面、耐磨面等品种。

2. 陶瓷材料的选择及其在环境艺术设计中的应用

设计师冈尼特·史密特在欧洲陶瓷工作中心研制开发出一系列陶瓷墙体材料，使其看上去拥有一种更舒服的触觉感受。这种陶瓷材质耐高温、耐腐蚀、表面坚硬，该产品不仅是一种单一设计理念的实体转化，而且是一个产品系列，它能够依据不同工程的具体要求而制作出相适应的产品。

用设计师自己的话说："当一座建筑物的外墙看上去好像用手工编织而成的时候，它可以创造出一种奇幻如诗般的意境，而这也正是设计想表达的。我们当然可以在'线'的颜色以及针脚的方式上开些小玩笑，譬如说将它织成一件挪威款毛衫，那样的话，我们就可以将那建筑物描述为一座穿了羊毛衫的大厦了。"

（五）玻璃制品

1. 玻璃制品的类别

（1）平板玻璃

普通平板玻璃具有良好的透光透视性能，透光率达到 85% 左右，紫外线透光率较低，隔声，略具保温性能，有一定机械强度，为脆性材料。主要用于房屋建筑工程，部分经加工处理制成钢化、夹层、镀膜、中空等玻璃，少量用于工艺玻璃。一般建筑采光用 3～5mm 厚的普通平板玻璃；玻璃幕墙、栏板、采光屋面、商店橱窗或柜台等采用 5～6mm 厚的钢化玻璃；公共建筑的大门则用 12mm 厚的钢化玻璃。

玻璃属易碎品，故通常用木箱或集装箱包装。平板玻璃在贮存、装卸和运输时，必须盖朝上、垂直立放，并需注意防潮、防水。

（2）磨光玻璃

磨光玻璃又称镜面玻璃，用平板玻璃抛光而得，分为单面磨光和双面磨光两种。磨光玻璃表面平整光滑，有光泽，透光率达 84%，物象透过玻璃不变形。磨光玻璃主要用于安装大型门窗、制作镜子等。

（3）钢化玻璃

将玻璃加热到一定温度后，迅速将其冷却，便形成了高强度的钢化玻璃。钢化玻璃一般具有两个方面的特点：①机械强度高，具有较好的抗冲击性，安全性能好，当玻璃破碎时，碎裂成圆钝的小碎块，不易伤人；②热稳定性好，具有抗弯及耐急冷急热的性能，其最大安全工作温度可达到 287.78℃。需要注意的是，钢化玻璃处理后不能切割、钻孔、磨削，边角不能碰击扳压，选用时需按实际规格尺寸或设计要求进行机械加工定制。

（4）夹丝玻璃

夹丝玻璃是一种将预先纺织好的钢丝网，压入经软化后的红热玻璃中制成的玻璃。夹丝玻璃的特点是安全、抗折强度高，热稳定性好。夹丝玻璃可用于各类建筑的阳台、走廊、防火门、楼梯间、采光屋面等。

（5）中空玻璃

中空玻璃按原片性能分为普通中空、吸热中空、钢化中空、夹层中空、热反射中空玻璃等。中空玻璃是由两片或多片平板玻璃沿周边隔开，并用高强度胶粘剂密封条粘接密封而成，玻璃之间充有干燥空气或惰性气体。

中空玻璃可以制成各种不同颜色或镀以不同性能的薄膜，整体拼装构件是在工厂完成的，有时在框底也可以放上钢化、压花、吸热、热反射玻璃等，颜色有无色、茶色、蓝色、灰色、紫色、金色、银色等。中空玻璃的玻璃与玻璃之间留有一定的空隙，因此具有良好的保温、隔热、隔声等性能。

（6）变色玻璃

变色玻璃有光致变色玻璃和电致变色玻璃两大类。变色玻璃能自动控制进入室内的太阳辐射能，从而降低能耗，改善室内的自然采光条件，具有防窥视、防眩光的作用。变色玻璃可用于建筑门、窗、隔断和智能化建筑。

2. 玻璃的选择及其在环境艺术设计中的应用

（1）水晶之城

位于日本东京青山区的普拉达旗舰店如同巨大的水晶，菱形网格玻璃组成它的表面，这些玻璃或凸或凹，透明或半透明的材质与建筑物强调垂直空间的层次感相呼应，营造出奇幻瑰丽的感觉。建筑表面的这种处理方式使整幢大楼通体晶莹，俨然一个巨大的展示窗，颠覆了人们对店面展示的概念。

（2）巴黎卢浮宫的玻璃金字塔形

建筑大师贝聿铭采用玻璃材料，在卢浮宫的拿破仑庭院内建造了一座玻璃金字塔。整个建筑极具现代感又不乏古老纯粹的神韵，完美结合了功能性与形式性的双重要素。

（六）水泥

1. 水泥类别

水泥是一种粉末状物质，它与适量水拌和成塑性浆体后，经过一系列物理化学作用能变成坚硬的水泥石，水泥浆体不但能在空气中硬化，还能在水中硬化，故属于水硬性胶凝材料。水泥、砂子、石子加水胶结成整体，就成为坚硬的人造石材（混凝土），再加入钢筋，就成为钢筋混凝土。

水泥的品种很多，按水泥熟料矿物一般可分为硅酸盐类、铝酸盐类和硫铝酸盐类。在建筑工程中应用最广的是硅酸盐类水泥，常用的水泥品种有硅酸盐水泥、普通硅酸盐水泥、矿渣硅酸盐水泥、火山灰质硅酸盐水泥和粉煤灰硅酸盐水泥等。此外，还有一些具有特殊性能的特种水泥，如快硬硅酸盐水泥、白色硅酸盐水泥与彩色硅酸盐水泥、铝酸盐水泥、膨胀水泥、特快硬水泥等。

建筑装饰装修工程主要用的水泥品种是硅酸盐水泥、普通硅酸盐水泥、白色硅酸盐水泥。

2. 水泥的选择及其在环境艺术设计中的应用

水泥作为饰面材料还需与砂子、石灰（另掺一定比例的水）等按配合比经混合拌和组成水泥砂浆或水泥混合砂浆（总称抹面砂浆），抹面砂浆包括一般抹灰和装饰抹灰。

（七）金属制品

1. 金属制品类别

在设计中，常用的金属材料有钢、金、银、铜、铝、锌、钛及其合金与非金属材料组成的复合材料（包括铝塑板、彩钢夹芯板等）。金属材料可加工成板材、线材、管材、型材等多种类型以满足各种使用功能的需要。此外，金属材料还可以用作雕塑等环境装饰。

2. 金属材料的选择及其在环境艺术设计中的应用

（1）PH5 灯具

PH5 灯具由丹麦设计师保罗·海宁森设计。灯具由多块遮光片组成，其制作过程是用薄铝板经冲压、钻孔、枷接、旋压等加工制成。在遮光片内侧表面喷涂白色涂料，而外侧则有规律地配以红色、蓝色和紫红色涂料。

（2）法国文化部的新装

法国文化部大楼用现代的新衣隐藏了它过时的外表。用不锈钢条焊接而成的"网"，既呈现出光亮的外表，又可隐约显露出陈旧的外墙，当然，也显现出一点神秘的感觉。

第二节　设计材料领域下的环境艺术设计思维

一、环境艺术设计思维方法类型

（一）逻辑思维方法

逻辑思维也称抽象思维，是认识活动中一种运用概念、判断、推理等思维形式来对客观现实进行的概括性反映。通常所说的思维、思维能力，主要是指这种思维，这是人类所特有的最普遍的一种思维类型。逻辑思维的基本形式是概念、判断与推理。

艺术设计、环境艺术设计是艺术与科学的统一和结合，因此，必然要依靠抽象思维来进行工作，它也是设计中最为基本和普遍运用的一种思维方式。

（二）形象思维方法

形象思维，也称艺术思维，是艺术创作过程中对大量表象进行高度的分析、综合、抽象、概括，形成典型性形象的过程，是在对设计形象的客观性认识基础上，结合主观的认识和情感进行识别所采用一定的形式、手段、工具创造和描述的设计形象，包括艺术形象和技术形象的一种基本的思维形式。

形象思维具有形象性、想象性、非逻辑性、运动性、粗略性等特征。形象性说明该思维所反映的对象是事物的形象，想象性是思维主体运用已有的形象变化为新形象的过程，非逻辑性就是思维加工过程中掺杂个人情感成分较多。在许多情况下，设计需要对设计对象的特质或属性进行分析、综合、比较，而提取其一般特性或本质属性，可以说，设计活动也是一种想象的抽象思维。但是，设计师从一种或几种形象中提炼、汲取它们的一般特性或本质属性，再将其注入设计作品中去。

环境艺术设计是以环境的空间形态、色彩等为目的，综合考虑功能和平衡技术等方面因素的创造性计划工作，属于艺术的范畴和领域，所以，环境艺术设计中的形象思维也是至关重要的思维方式。

（三）灵感思维方法

"灵感"源于设计者知识和经验的积累，是显意识和潜意识通融交互的结晶。灵感的出现需要具备以下几个条件：

（1）对一个问题进行长时间的思考；

（2）能对各种想法、记忆、思路进行重新整合；

（3）保持高度的专注；

（4）精神处于高度兴奋状态。

环境艺术设计创造中灵感思维常带有创造性，能突破常规，带来新的从未有过的思路和想法，与创造性思维有着相当紧密的联系。

（四）创造性思维方法

创造性思维是指打破常规、具有开拓性的思维形式，创造性包括审美判断和科学判断等。

思维是对各种思维形式的综合和运用，创造性思维的目的是对某一个问题或在某一个领域内提出新的方法、建立新的理论，或艺术中呈现新的形式等。这种"新"是对以往的思维和认识的突破，是本质的变革。创造性思维是在各种思维的基础上，将各方面的知识、信息、材料加以整理、分析，并且从不同的思维角度、方位、层次上去思考，提出问题，对各种事物的本质的异同、联系等方面展开丰富的想象，最终产生一个全新的结果。创造性思维有三个基本要素：发散性、收敛性和创造性。

（五）模糊思维方法

模糊思维是指运用不确定的模糊概念，实行模糊识别及模糊控制，从而形成有价值的思维结果。模糊理论是从数学领域中发展而来的，世界的一些事物之间很难有一个确定的分界线，譬如脊椎动物与非脊椎动物、生物与非生物之间就找不到一个确切的界限。客观事物是普遍联系、相互渗透的，并且是不断变化与运动的。一个事物与另一事物之间虽有质的差异，但在一定条件下可以相互转化，事物之间只有相对稳定而无绝对固定的边界。一切事物既有明晰性，又有模糊性；既有确定性，又有不定性。模糊理论对于环境艺术设计具有很实际的指导意义。环境的信息表达常常具有不确定性，这并不是设计师表达不清，而是一种艺术的手法。含蓄、使人联想、回味都需要一定的模糊手法，产生"非此非彼"的效果。同一个艺术对象，不同的人会产生不同的理解和认识，这就是艺术的特点。如果能充分理解和掌握这种模糊性的本质和规律，将有助于环境艺术的创造。

1. 如抽象思维、形象思维、灵感思维。

抽象思维：抽象思维是运用概念、判断、推理等来反映现实的思维过程，亦称逻辑思维。

形象思维：形象思维是借助于具体形象来展开的思维过程，亦称直感思维。

灵感思维：是在不知不觉之中突然迅速发生的特殊思维形式，亦称顿悟思维或直觉思维。

2. 譬如，著名的关于种子的"堆"的希腊悖论便提出了模糊思维的概念：到底多少才能成为堆呢？"界限存在哪里？能不能说325647粒种子不叫一堆而325648粒就构成一堆？"这说明从事物差异的一方到另一方，中间经历了一个从量变到质变的逐步过渡过程，处于中介过渡的事物往往显示出亦此亦彼的性质，这种亦此亦彼性的不确定性就是一个模糊概念。

二、环境艺术设计思维方法应用

环境艺术设计的思维不是单一的方式，而是多种思维方式的整合。环境艺术设计的多学科交叉特征必然反映在设计的思维关系上。设计的思维除了符合思维的一般规律外，还具有其自身的一些特殊性，在设计的实践中会自然表现出来。以下结合设计来探讨一些环境艺术设计思维的特征和实践应用的问题。

（一）形象性和逻辑性有机整合

环境艺术设计以环境的形态创造为目的，如果没有形象，也就等于没有设计。思维有一定的制约性，或不自由性。形象的自由创造必须建立在环境的内在结构的合规律性和功能的合理性的基础上。因此，科学思维的逻辑性以概念、归纳、推理等对形象思维进行规范。所以，在环境艺术的设计中，形象思维和抽象思维是相辅相成的，是有机地整合，是理性和感性的统一。

（二）形象思维存在于设计，并相对地独立

环境的形态设计，包括造型、色彩、光照等都离不开形象，这些是抽象的逻辑思维方式无法完成的。设计师从开始对设计进行准备到最后设计完成的整个过程就是围绕着形象进行思考，即使在运用逻辑思维的方式解决技术与结构等问题的同时，也是结合某种形象来进行的，不是纯粹的抽象方式。譬如在考虑设计室外座椅的结构和材料以及人在使用时的各种关系和技术问题的时候，也不会脱离对座椅的造型及与整体环境的关系等视觉形态的观照。环境艺术设计无论在整体设计上，还是在局部的细节考虑上，在设计的开始一直到结束，形象思维始终占据着思维的重要位置，这是设计思维的重要特征。

（三）抽象的功能等目标最终转换成可视形象

任何设计都有目标，并带有一些相关的要求和需要解决的问题，环境艺术设计也不例外，每个项目都有确定的目标和功能。设计师在设计的过程中，也会对自己提出一系列问题和要求，这时的问题和要求往往也只是概念性质，而不是具体的形象。设计师着手了解情况、分析资料、初步设定方向和目标，提出空间整体要简洁大方、高雅，体现现代风格等具体的设计目标，这些都还处

于抽象概念的阶段。只有设计师在充分理解和掌握抽象概念的基础上思考用何种空间造型、何种色彩、如何相互配置时，才紧紧地依靠形象思维的方式，最终以形象来表现对抽象概念的理解。所以，从某种意义上来说，设计过程就是一个将抽象的要求转换成一个视觉形象的过程。无论是抽象认识还是形象思考的能力，对于设计都具有极其重要的作用和意义。理解抽象思维和形象思维的关系是非常重要的。

（四）创造性是环境艺术设计的本质

设计的本质就在于创造，设计就是提出问题、解决问题且创造性地解决问题的过程，所以创造性思维在整个设计过程中总是处于活跃的状态。创造性思维是多种思维方式的综合运用，它的基本特征就是要有独特性、多向性和跨越性。创造性思维所采用的方法和获得的结果必定是独特的、新颖的。逻辑思维的直线性方式往往难以突破障碍，创造性思维的多方向和跨越特点却可以绕过或跳过一些问题的障碍，从各个方向、各个角度向目标集中。

（五）思维过程：整体—局部—整体

环境艺术设计是一门造型艺术，具有造型艺术的共同特点和规律。环境艺术设计首先是有一个整体的思考或规划，在此基础上再对各个部分或细节加以思考和处理，最后还要回到整体的统一上。

最初的整体实质上是处在模糊思维下的朦胧状态，因为这时的形象只是一个大体的印象，缺少细节，或者说是局部与细节的不确定。在最初的环境设想中，空间是一个大概的形象，树木、绿地、设施等的造型等都不可能是非常具体的形象，多半是带有知觉意味的"意象"，这个阶段的思考更着重于整体的结构组织和布局，以及整体形象给人的视觉反映等方面。在此阶段中，模糊思维和创造性思维是比较活跃的。随着局部的深入和对细节的刻画，下一阶段应该是非常严谨的抽象思维和形象思维在共同作用，这个阶段要解决的会有许多极为具体的技术、结构以及与此相关的造型形象问题。

设计最终还要回到整体上来，但是这时的整体形象与最初的朦胧形象有了本质的区别，这一阶段的思维是要求在理性认识的基础上进行感性处理，感性对于艺术是至关重要的，而且经过理性深化了的感性形象具有更为深层的内涵和意蕴。从某种意义上也可以认为，设计的最初阶段是想象的和创造性的思维，而下一阶段则是科学的逻辑思维和受制约的形象思维的结合。有一点要重申的是，设计工作的整个过程，尽管有整体和局部思考的不同阶段，但是都必须在整体形象的基础和前提下进行，任何时候都不能离开整体，这也是造型艺术创造的基本规律。

第三节　设计材料领域下的环境艺术设计形态与空间

一、环境艺术设计形态要素分析

（一）何为形态

顾名思义，"形"意为"形体""形状""形式"，"态"意为"状态""仪态""神态"，形态就是指事物在一定条件下的表现形式，它是因某种或某些内因而产生的一种外在的结果。

（二）环境艺术设计的形态要素

1. 尺度

尺度是形式的实际量度，是它的长、宽和确定形式的比例；它的尺度则是由它的尺寸与周围其他形式的关系所决定的。

2. 形

人们对可见物体的形态、大小、颜色和质地、光影的视知觉是受环境影响的，在视觉环境中看到它们，能把它们从环境中分辨出来。从积累的丰富视觉经验总结出单个物体在设计上的形态要素主要有：尺度、色彩、质感和形状。

（1）形体

形体是环境艺术中建构性的形态要素。任何一个物体，只要是可视的，都有形体，是我们直接建造的对象。形是以点、线、面、体、形状等基本形式出现的，并由这些要素限定着空间，决定空间的基本形式和性质，并在造型中具有普遍的意义，是形式的原发要素。

环境中的任何实体的形分解，都可以抽象概括为点、线、面、体四种基本构成要素。它们不是绝对几何意义上的概念，它们是人视觉感受中的环境的点、线、面、体，它们在造型中具有普遍的意义。

①点

一般而言，点是形的原生要素，因其体积小而以位置为其主要特征。点也是环境形态中最基本的要素。它相当于字母，有自己的表情。表情的作用主要应从给观者什么感受来考察。例如，排列有序的点给人以严整感；分组组合的点产生韵律感；对应布置的点产生对称与均衡感；小点环绕大点，产生重点感、引力感；大小渐变的点产生动感；无序的点产生神秘感；等等。

数量不同、位置不同的点也会带给人不同的心理感受。当单点不在面的中心时，它及其所处的范围就会活泼一些，富有动势。

若有规律地排列点，人们会根据恒常性把它们连接形成虚的形态；点密集到一定程度，会形成一个和背景脱离的虚面；点的聚集和联合会产生一个由外轮廓构成的面；点的排列位置如果与人们熟悉的形态类似，人们会自动连接这些点，而一些无规律的点则保持独立性。

两点构图在环境中可以产生某种方向作用，可建立三种不同的秩序：水平、倾斜和垂直布置。两点构图可以限定出一条无形的构图主轴，也可两点连线形成空幕。

三点构图除了产生平列、直列、斜列之外，又增加了曲折与三角阵。四点构图除以上布置外，最主要的是能形成方阵构图。点的构图展开之后，铺展到更大的面所产生的感觉叫作点的面化。

②线

点的线化最终变成线。线在几何上的定义是"点移动的轨迹"，面的交界与交叉处也产生线。

环境中只要能产生线的感觉的实体，我们都可以将其归于线的范畴，这种实体是依靠其本身与周围形状的对比才能产生线的感觉。从比例上来说，线的长与宽之间的比应超过 10：1，太宽或太短就会引起面或点的感觉。

线条按照其给人的视觉感受可分为实际线（或轮廓线）和虚拟线两种。实际线，如边缘线、分界线、天际线等，可以使人产生明确而直接的视感；虚拟线，如轴线、动线、造型线、解析线、构图线等，可被认为是一种抽象理解的结果。

我们生活环境中的线条也可分为自由线形和几何线形两种。自由线形主要由环境中尤其是自然环境中的地貌、树木等要素来体现。

几何线形可以分为直线和曲线两种。直线包括折线、平行线、虚线、交线，又可分为水平、垂直、倾斜三种；曲线包括弧线、旋涡线、抛物线、双曲线、圆、椭圆、任意封闭曲线。

在环境艺术设计中，不同的线形也可以产生不同的视觉观感。水平线能产生平稳、安定的横向感。

垂直线由重力传递线所规定，它使人产生力的感觉。人的视角在垂直方向比水平方向小，当垂直线较高时，人只得仰视，便产生向上、挺拔、崇高的感觉。特别是平行的一组垂直线在透视上呈束状，能强化高耸、崇高的感觉。此外，不高的众多的垂直线横向排列，由于透视关系，线条逐渐变矮变密，能产生严整、景深、节奏感。

倾斜线给人的感觉则是不安定和动势感，而且多变化。它一般是由地段起伏不平、楼梯、屋面等原因造成，在设计中数量比水平、垂直线少，但更应精心考虑它的应用，而不能有意消除倾斜线。

曲线常给人带来与直线不同的感觉与联想，如抛物线流畅悦目，有速度感；旋线具有升腾感和生长感；圆弧线则规整、稳定，有向心的力量感。

③面

从几何的概念理解，面是线的展开，具有长度与宽度，但无高度，它还可以被看作体或空间的边界面。面的表情主要由这一面内所包含的线的表情以及其轮廓线的表情所决定。

面可以分为几何面和自由面两种。环境艺术设计中的面还可以分为平面、斜面、曲面三类。

在环境空间中，平面最为常见，绝大部分的墙面、家具、小物品等的造型以平面为主。虽然作为单独的平面其表情比较呆板、生硬、平淡无奇，但经过精心的组合与安排之后也会产生有趣的、生动的综合效果。

斜面可为规整空间带来变化，给予生气。在视平线以上的斜面可带来一些亲切感；在方盒子的基础上再加上倾斜角，较小的斜面组成的空间则会加强透视感，显得更为高远；在视平面以下的斜面常常具有使用功能上较强的引导性，并具有一定动势，使空间不那么呆滞而变得流动起来。

曲面可进一步分为几何曲面和自由曲面。它可以是水平方向的，也可以是垂直方向的（如悬挂着的帷幕、窗帘等），它们常常与曲线联系在一起起作用，共同为空间带来变化。曲面内侧的区域感比较明显，人可以有较强的安定感；而在曲面外侧的人更多地感到它对空间和视线的引导性。

④体

体是面的平移或线的旋转的轨迹，有长度、宽度和高度三个量度，它是三维的、有实感的形体。一般具有重量感、稳定感与空间感。

环境艺术设计中经常采用的体可分为几何形体与自由形体两大类。较为规则的几何形体有直线形体和曲线形体、中空形体三种，直线形体以立方体为代表，具有朴实、大方、坚实、稳重的性格；曲线形体，以球体为代表，具有柔和、饱满、丰富、动态之感；中空形体，以中空圆柱、圆锥体为代表，锥体的表情挺拔、坚实、性格向上而稳重，具有安全感、权威性。

较为随意的自由形体则以自然、仿自然的风景要素的形体为代表，岩石坚硬骨感，树木柔和，皆具质朴之美。

环境造型往往并不是单一的简单形体，而是有很多组合和排列方式。形体组合主要有四种方式。

其一，分离组合。这种组合按点的构成来组成，较为常用的有辐射式排列、二元式多中心排列、散点布置、节律性排列、脉络状网状布置等。形成成组、对称、堆积等特征。

其二，拼联组合。将不同的形体按不同的方式拼合在一起。

其三，咬接构成。将两体量的交接部分有机重叠。

其四，插入连接体。有的形体不便于咬接，此时可在物体之间置入一个连接体。

（2）形状

形状是形式的主要可辨认形态，是一种形式的表面和外轮廓的特定造型。

以上是单个物体的主要形态要素，但就环境艺术这一关于空间的艺术而言，从整体的角度来看，环境艺术设计的形态要素的范畴更为广博，它包含形体、材质、色彩、光影四个方面。

3. 色

（1）色彩

色彩是形式表面的色相、明度和色调彩度，是与周围环境区别最清楚的一个属性。并且，它也影响到形式的视觉重量。

色彩是环境艺术设计中最为生动、活跃的因素，能造成特殊的心理效应。

①色彩三要素

色相、明度和纯度是色彩的三要素。

色相是色彩的表象特征，就是色彩的相貌，也可以说是区别色彩用的名称。通俗一点讲，所谓色相，是指能够比较确切地表示某种颜色的色别名称，用来称谓对在可视光线中能辨别的每种波长范围的视觉反应。色相是有彩色的最重要特征，它是由色彩的物理性能决定的，由于光的波长不同，特定波长的色光就会显示特定的色彩感觉，在三棱镜的折射下，色彩的这种特性会以一种有序排列的方式体现出来，人们根据其中的规律性，制定出色彩体系。色相是色彩体系的基础，也是我们认识各种色彩的基础，有人称其为"色名"，是我们在语言上认识色彩的基础。

明度是指色彩的明暗差别。不同色相的颜色，有不同的明度，黄色明度高，紫色明度低。同一色相也有深浅变化，如柠檬黄比橘黄的明度高，粉绿比翠绿的明度高，朱红比深红的明度高，等等。在无彩色中，明度最高的色为白色，明度最低的色为黑色，中间存在一个从亮到暗的灰色系列。在有彩色中，任何一种纯度色都有着自己的明度特征。例如，黄色为明度最高的色，处于光谱的中心位置，紫色是明度最低的色，处于光谱的边缘。

纯度又称饱和度，是指色彩鲜艳的程度。纯度的高低决定了色彩包含标准色成分的多少。在自然界，不同的光色、空气、距离等因素都会影响到色彩的纯度。比如，近的物体色彩纯度高，远的物体色彩纯度低；近的树木的叶子色彩是鲜艳的绿，而远的则变成灰绿或蓝灰等。

②色彩、基调、色块的分布以及色系

为一个室内空间制定色彩方案时，必须细心考虑将要设定的色彩、基调以及色块的分布。方案不仅应满足空间的目的和应用，还要顾及其建筑的个性。

色系相当于一本"配色词典"，能够为设计师提供几乎全部可识别的图标。由于色彩在色系中是按照一定的秩序排列、组织，因此，它还可以帮助设计师在使用和管理中提高效率。然而，色系只提供了色彩物理性质的研究结果，真正运用到实际设计中，还需要考虑到色彩的生理和心理作用以及文化的因素。

（2）光

环境艺术设计中的形体、色彩、质感表现都离不开光的作用。光自身也富有美感，具有装饰作用。这里谈到的"光"的概念不是物理意义上的光现象，而是主要指美学意义上的光现象。光在环境艺术设计中有以下三个方面的作用。

①作为照明的光

对于环境艺术设计而言，光的最基本作用就是照明。适度的光照是人们进行正常工作、学习和生活所必不可少的条件，因此在设计中对于自然采光和人工照明的问题应给予充分的考虑。

环境中照明的方式有泛光照明（指使用投光器映照环境的空间界面，使其亮度大于周围环境的亮度，这种方式能塑造空间，使空间富有立体感）、灯具照明（一般使用白炽灯、镭灯，也可以使用色灯）、透射照明（指利用室内照明和一些发光体的特殊处理，光透过门、窗、洞口照亮室外空间）。

在使用光进行照明时，需要考虑以下因素：a. 空间环境因素，包括空间的位置，空间各构成要素的形状、质感、色彩、位置关系等；b. 物理因素，包括光的波长和颜色，受照空间的形状和大小，空间表面的反射系数、平均照度等；c. 生理因素，包括视觉工作、视觉功效、视觉疲劳、眩光等；d. 心理因素，包括照明的方向性、明与暗、静与动、视觉感受、照明构图与色彩效果等；e. 经济和社会因素，照明费用与节能、区域的安全要求等。

②作为造型的光

光不仅可用于照明，它还可以作为一种辅助装饰形与色的造型手段来创造更美好的环境，光能修饰形与色，将本来简单的造型与色彩变得丰富，并在很大程度上影响和改变人对形与色的视觉感受；它还能赋予空间以生命力（如同灵魂附着于肉体），创造各种环境气氛等。环境实体所产生的庄重感、典雅感、雕塑感，使人们注意到光影效果的重要。环境中实体部件的立体感、相互的空间关系是由其整体形状、造型特点、表面质感与肌理决定的，如果没有光的参与，这些都无从实现。

③作为装饰的光

光除了对形体、质感的辅助表现外，其自身还具有装饰作用。不同种类、照度、位置的光有不同的表情，光和影也可以构成很优美的并且非常含蓄的构图，创造出不同情调的气氛。这种被光装饰了的空间，环境不再单调无味，而且充满梦幻的意境，令人回味无穷。在舞台美术中，打在舞台上的各种形状、颜色的灯光是很好的装饰造型元素。

与"见光不见灯"相反的是"见灯不见光"的灯的本身的装饰作用，将光源布置在合适的位置，即使不开灯，灯具的造型也是一种装饰。

4. 质　感

质感是形式的表面特征。材质影响到形式表面的触点和反射光线的特性。

通常所说的质感，就是由材料肌理及材料色彩等材料性质与人们日常经验相吻合而产生的材质感受。肌理就是指材料表面因内部组织结构而形成的有序或无序的纹理，其中包含对材料本身经再加工形成的图案及纹理。

每种材料都有其特质，不同的肌理产生不同的质感，表达着不同的表情。

生土建筑有着质朴、简约之感；粗糙的毛石墙面有着自然、原始的力量感；钢结构框架给人坚实、精确、刚正的现代感；光洁的玻璃幕墙与清水混凝土的表面一般令人感到冰冷、生硬而缺乏人情味，强调模板痕迹的混凝土表面则有人工赋予的粗野、雕塑感的新特性；皮毛或针织地毯具有温暖、雍容华贵的性格；木地板有温馨、舒适之感；磨光花岗岩地面则具有豪华、坚固、严肃的表情。

材质在审美过程中主要表现为肌理美，是环境艺术设计重要的表现性形态要素。在人们与环境的接触中，肌理起到给人各种心理上和精神上的引导和暗示作用。

材料的质感综合表现为其特有的色彩光泽、形态、纹理、冷暖、粗细、软硬和透明度等诸多因素上，从而使材质各具特点，变化无穷。可归纳为：粗糙与光滑、粗犷与细腻、深厚与单薄、坚硬与柔软、透明与不透明等基本感觉。材质的特性有以下几个方面。

第一，质地分触觉质感和视觉质感两种类型。

第二，材质不仅给我们以肌理上的美感，还能在空间上得以运用，营造出空间的伸缩、扩展的心理感受，并能配合创作的意图营造某种主题。质地是材料的一种固有本性，我们可用它来点缀、装修，并给空间赋予内涵。

第三，材质包括天然材质和人工材质两大类。

第四，尺度大小、视距远近和光照，在我们对质地的感觉上都是重要的影响因素。

第五，光照影响着我们对质地的感受，反过来，光线也受到它所照亮的质地的影响。当直射光斜射到有实在的质地的表面上时，会提高它的视觉质感。漫射光线则会减弱这种实在的质地，甚至会模糊掉它的三维结构。

另外，图案和纹理是与材质密切关联的要素，我们可以视为材质的邻近要素。图案的特性有：①是一种表面上的点缀性或装饰性设计；②图案总是在重复一个设计的主题图形，图案的重复性也带给被装饰表面一种质地感；③图案可以是构造性的或装饰性的。构造性的图案是材料的内在本性以及由制造加工方法、生产工艺和装配组合的结果。装饰性图案则是在构造性过程完成后再加上去的。

5. 嗅觉

环境中的嗅觉主要是指人能感受到草木芬芳，还有，比如在海边的时候，味觉能感受到海水的淡淡咸味等。在中国古典园林中，植物的香景一直备受人们青睐。我们在进行公园与广场的环境艺术设计时，尽量远离污染源、清除污染源，并且最大限度地消解具体环境使用后产生死水、卫生死角的可能性，也要充分考虑到环境的维护措施。

另外，在室内环境中，特别是大型公共空间如大型商场，设计中要充分解决好自然通风、散热等问题。尽量采用环保型材料，减少有害性气体的挥发。使人们更好地从事上班、上学、休憩、购物、候车、散步、锻炼、游戏、交谈、交往、娱乐等活动。

6. 声音

声学设计的基本作用是提高音质质量、减少噪声的影响。众所周知，声音源自物体的振动。声波入射到环境构件（如墙、板等）时，声能的一部分被反射，另一部分穿过构件，还有一部分转化为其他形式的能量（如热能）而被构件吸收。因此，要减少噪声，设计师必须了解声音的物理性质和各种建筑材料的隔声、吸声特性，才能有效地控制声环境质量。

要创造音质优美的环境，取决于三个方面：第一，适度、清晰的声音；第二，吸声程度不同的材料与结构（控制声音反射量大小、方向、分布、清除回声与降低噪声）；第三，空间的容积与形状。

二、环境艺术设计空间尺度分析

（一）空间尺度概述

空间尺度包含两方面的内容：一方面是指空间中的客观自然尺度，这涉及客观、技术、功能等要素；另一方面是主观精神尺度，涉及主观、心理、审美等要素。人的视觉、心理和审美决定的尺度是比较主观的，是一个相对的尺度概念，但是也有比较与比例关系。

（二）尺寸与尺度

尺寸是空间的真实大小的度量，尺寸是按照一定的物理规则严格界定的。用以客观描述周围世界在几何概念上量的关系的概念，有基本单位，是一种绝对的量的概念，不具有评价特征。在空间尺度中，大量的空间要素由于自然规律、使用功能等因素，在尺寸上有严格的限定，如人体的尺寸、家具的尺寸、人所使用的设备机具的尺寸等，还有很多涉及空间环境的物理量的尺寸，如声学、光学、热等问题，都会根据所要达到的功能目的，对人造的空间环境提出特定的尺寸要求。这些尺寸是相对固定的，不会随着人的心理感受而变化。最常见的尺寸数据是人体尺寸、家具与建筑构件的尺寸。

尺寸是尺度的基础，尺度在某种意义上是长期应用的习惯尺寸的心理积淀，尺寸反映了客观规律，尺度是对习惯尺寸的认可。

尺度是衡量环境空间形体最重要的方面，如果不一致就失掉了应有的尺度感，会产生对本来应有大小的错误判断。经验丰富的设计师也难免在尺度处理上出现失误。问题是人们很难准确地判断空间体量的真实大小，事实上，我们对于空间的各个实际的度量的感知，都不可能是准确无误的。透视和距离引起的失真以及文化渊源等都会影响我们的感知，因此要用完全客观精确的方式来控制和预知我们的感觉，绝非易事。空间形式度量的细微差别难以辨明，空间显出的特征——很长、很短、粗壮或者矮短，这完全取决于我们的视点，这种特征主要来源于我们对它们的感知，而不是精确的科学。

比例主要表现为一部分对另一部分或对整体在量度上的比较、长短、高低、宽窄、适当或协调的关系，一般不涉及具体的尺寸。由于建筑材料的性质，结构功能以及建造过程的原因，空间形式的比例不得不受到一定的约束。即使这样，设计师仍然期望通过控制空间的形式和比例，把环境空间建造成人们预期的结果。

在为空间的尺寸提供美学理论基础方面，比例系统的地位领先于功能和技术因素。通过各个局部归属与比例谱系的方法，比例系统可以使空间构图中的众多要素具有视觉统一性。它能使空间序列具有秩序感，加强连续性，还能在室内室外要素中建立起某种联系。

和谐的比例可以引发人们的美感，公元前 6 世纪古希腊的毕达哥拉斯学派认为，万物最基本的元素是数，数的原则统治着宇宙中一切现象。该学派运用这种观点研究美学问题，探求数量比例与美的关系，并提出了著名的"黄金分割"理论，提出在组合要素之间及整体与局部间无不保持着某种比例的制约关系，任何要素超出了和谐的限度，就会导致整体比例的失调。历史上对于什么样的比例关系能产生和谐并产生美感有许多不同的理论。

对比就是指两个对立的差异要素放在一起。它可以借助互相烘托陪衬求得变化。对比关系通过强调各设计元素之间色调、色彩、色相、亮度、形体、体量、线条、方向、数量、排列、位置、形态等方面的差异，起到使景色生动、活泼、突出主题的作用，让人看到此景表现出热烈、兴奋、奔放的感受。

具体来说，它包括形体的对比、色彩的对比、虚实的对比、明暗的对比和动静的对比。

微差是借助彼此之间的细微变化和连续性来求得协调。微差的积累可以使景物逐渐变化，或升高、壮大、浓重而不感到生硬。

环境艺术设计中的园林设计，经常会因为没有对比会产生单调的感觉，当然，过多对比又会造成杂乱，只有把对比和微差巧妙地结合，才能达到既富有变化又协调一致的效果。

(三) 与环境设计有关的空间尺度

1. 人体尺度

以人体与建筑之间的关系比例为基准来研究与人体尺寸和比例有关的环境要素和空间尺寸，称为"人体尺度"。研究人体尺度要求空间环境在尺度因素方面要综合考虑适应人的生理及心理因素，这是空间尺度问题的核心。

2. 结构尺度

除人体尺度因素之外的因素统称为"结构尺度"。结构尺度是设计师创造空间尺度需要考虑的重要内容之一。如果结构尺度超出常规（人们习以为常的大小），就会造成错觉。

利用人体尺度和结构尺度，可以帮助我们判断周围要素的大小，正确显示出空间整体的尺度感，也可以有意识地利用它来改变一个空间的尺寸感。

第六章
基于环境美学文化视域的环境艺术设计

第一节 环境生态美学与传统美学文化

一、环境生态美学

（一）生态与生态文明

"生态系统"一词是英国植物生态学家坦斯莱于 1935 年首先完整提出的。但是其理念则来源于植物学，又不同于植物学。其提出了"生命共同体"的理念，既包括植物，又包括动物，还包括河流、湖泊、湿地、冰川、森林、草原、土地、沙漠和冻土等，使人类对其所依赖的自然生态有了一个系统的、科学的、全新的认识。

目前，保护自然资源和生态系统显得从未如此迫切过，现实生态与新文明的矛盾也从未这样尖锐过。

1. 农业文明

尽管在几千年中，科学技术有所发展，生产工具不断改进，但是直至工业革命之前，在世界上的大多数地区，农业中使用的仍然是几千年前就有的犁、锄和镰刀，手工业中用的仍然是几千年前就有的刀和斧，交通运输业中用的仍然是几千年前就有的马车和木船。因此，这些产业的劳动生产率主要取决于劳动者的体力。

在农业文明阶段，广大人民生活十分贫困，遇到不可抗拒的自然灾害造成的经济危机，就到了缺衣少食的地步。在这一阶段，教育未能普及，文盲占大多数，文化只属于少数人，而这少数人才也难以流动。

2. 工业文明

18 世纪人类经过工业革命进入了工业文明。

人类文明的发展主要经历了渔猎文明、农业文明和工业文明，目前正在向生态文明过渡。从农业文明到工业文明最重要的表现就是农业生产的"牧场"和"工场"变成了工业生产的"工厂"，其推动力是科学和技术革命，了解牛顿力学、麦克斯韦电学、道尔顿化学和达尔文生物进化论的基本理论，以及瓦特蒸汽机、珍妮纺织机、哈格里夫斯车床和雅可比电机的基本知识，才可能办工厂。固守原来的农业思想，而不接受科学新思想的牧场主和工场主不会想，即使想也办不好工厂。

与工厂化一起来的是工业化和城市化。相对于农业文明来说，工业文明是一种发展的新文明，但是发展过程中也出现了一系列的"非文明"问题。工业大生产在创造了灿烂的文明的同时也带来了不少非文明的影响。①工厂的建立开辟了提高劳动生产率的平台，发挥了更广大人群的创造性。但是，资本的作用过大及工厂的机械的组织形式，限制了人的深层次创造力的发挥。因此，工厂是以利润为本，而不是以人为本。②自工厂建立以后，机械化的生产模式和严格的分工使科学研究与经济生产日渐分离，延长了从科学创新到技术创新的周期，更大大延长了产业创新的周期。③工厂建立了与自然循环相违背的生产模式，即从自然界无尽地提取原料——粗放的大生产——向自然界无尽地排出废物。经过两个世纪，这种生产模式使得资源耗竭、环境污染和生态退化严重到了难以可持续发展的地步。④由于空气、水和噪声污染严重，工厂甚至成为比"工场"更为恶劣的劳动环境，当然更无法与农场和牧场相比。⑤由于农民急剧向城市集中，造成了严重的城市问题。⑥由于分配不公造成严重的贫富悬殊，形成了"金领""白领"和"蓝领"的不同阶层。

应该说，这些工业"非文明"是现代社会的主要弊端。在 20 世纪初，工业文明的上述弊端愈演愈烈，自第二次世界大战以后，西方发达国家开始以"园区"等形式来解决工厂的问题，力图从工业文明向生态文明过渡。

3. 生态文明

21 世纪人与自然和谐可持续发展成为人类的共识，人类进入生态文明。

工业文明史无前例地提高了生产的效率，但进入 20 世纪发生了资源耗竭、环境污染和生态系统退化的严重状况，人类是否能可持续发展已成问题。

工业文明在创造了文明的同时，也带来了不少非文明的成分，因此我们要走向新文明——生态文明。

生态文明阶段，经济发展主要取决于智力资源的占有和配置，即科学技术是第一生产力。

由于对智力资源的掠夺已经难以通过战争来实现,随着智力经济的发展,避免世界性战争的可能性日益增加,"和平、发展和环境"将是世界上的头等大事,"可持续发展"已经逐步成为世界有识之士的共识。

科学技术——智力在经济发展中日益重要的地位是有目共睹的,但是,为什么要使用"智力经济"这种新的提法呢?

这是因为从经济生产的生产力、产业结构、技术结构、分配和市场等各个方面来看,在智力经济的发展中都出现了与资源经济阶段本质性不同的东西。因此,这是一种新型经济。

从生产力的要素来看,劳动力、劳动工具和劳动对象都逐步退居次要地位,科学技术(包括管理科学技术)成为第一要素。

从技术结构来看,以前"科学"和"技术"分离的概念已经不适用了,科学和技术已经彼此相连、密不可分,以前说"高新科学技术产业"是一个概念的错误,而现在已经在科学工业园中成为现实。

从分配来看,在世界范围内,按占有生产资料和自然资源分配为主的分配方式开始变化。这种变化可以从占有很少资料和自然资源却创造了最高产值和收入的高新技术产业中看出。

从市场来看,传统的市场观念开始变化。随着高新技术的飞速发展,宏观导向作用必须加强,否则不仅是阻碍智力经济进一步发展的问题,还可能出现像资源经济时期的战争一样的情况,给人类带来巨大的灾难。此外,静态的市场观念、占有市场份额的观念、仅从数量上扩展市场的概念都会产生相应的变化,例如,一件高新技术产品的价值可能千万倍于同样物质消耗的传统经济产品。

经济生产发生的这些巨大变化,最主要的原因是文明的发展、文化的普及、人民受教育程度的普遍提高。人才层出不穷,流动的自由度大大增加,在文学艺术大发展的同时,科学前所未有地发展,新学科不断出现,复合型人才大量涌出。例如生态学和系统论的出现,改变了人类对自然的看法,两者的结合又使人们有了与自然相和谐的手段。

(二)环境生态美学应用中的"可持续发展"策略

1. 生态文明建设中"可持续发展"策略的引入

人类的经济发展阶段取决于人类对世界的认识。在农业经济阶段,人类关于自然的知识有限，对自然的认识基本上是"天命论"的，即人类开垦土地，进行耕作，主要取决于所在地区土地面积、肥沃程度、天气的好坏和人数的多寡，再加上劳动力的数量和质量来有限地发展生产，主要"靠天吃饭"。

从整体上来看，农业文明时期，尽管有植被被破坏，但比例较小；尽管进行耕作，但用的是有机肥，没有打破生态系统的食物链。人类对自然的破坏作用尚未达到造成全球环境问题的程度，人类仍能与自然界和平共处。

工业革命以后，人类与环境的关系发生了重大的变化。首先从思想意识上，人摒弃了古朴的"天人合一"的思想，由培根和笛卡尔提出的"驾驭自然、做自然的主人"的机械论开始统治全球，人类开始对大自然大肆开发、掠夺，生态系统的平衡受到严重干扰以致破坏。在工业经济阶段，人类关于自然的知识大大增加，对自然的认识发生了巨大的变化，认为人类可以凭借自己的知识向自然掠夺，可以用尽自然资源，取得最大利润，而不顾及自然资源枯竭、生态蜕变和环境污染的后果，要"征服自然"。科学技术的飞速发展，又为人类征服自然、改造自然和破坏生态系统平衡提供了条件。直到威胁人类生存、发展的环境问题不断地在全球显现，这才引起人们的高度重视，于是在20世纪下半叶展开了对人类发展方向的讨论。

2. "创新、协调、绿色、开放、共享"理念指导生态文明建设

"创新、协调、绿色、开放、共享"五大理念，不仅是我国"十三五"时期的发展理念，而且将指导今后的可持续发展，生态文明建设是"中国梦"的主要目标，当然应以这些理念为指导。

(1) 创新

生态文明建设的本身就是对18世纪以来延续至今的传统工业经济的创新，以生态科学为指导重新认识人与自然的关系。我们生存的地球存在着的重大生态危机是人类社会发展面临的几大危机之一，应认识、重视并力求改变资源短缺、环境污染和生态退化的现状。生态文明是一大理念创新，也是理论创新。生态概念早已有之，文明概念古已有之，但生态与文明相结合产生的"生态文明"理念又是一大理论创新。我国提出的生态文明理论把人类的文明、经济和生态三大理念联系起来，融合构成系统应用于发展，是对可持续发展理念的大提升。"可持续发展"是个很好的目标，但如何实现呢？这个问题在国际上尚未解决。只有"文明发展"是不够的，只有"经济发展"是不够的，只有"生态保护与发展"也是不够的，必须使三者构成一个有机结合的系统，这就是"生

态文明建设"。

（2）协调

"生态文明建设"不仅是我国的总体战略，也是世界的发展前途，因此要从全球化的观点来看问题。生态文明建设包含有文明、经济和生态三大要素，分别构成了三大子系统，按系统论的观点来看，这三个子系统内部都存在不断协调（或者说动平衡）问题。三大子系统之间存在的不断持续的、动态的协调是生态文明建设的基本理念协调问题。

生态系统的协调。生态系统同样存在通过调节和再组织来实现协调的问题，中国自古就有"风调雨顺""草肥水美"的认识，说的就是协调。自然界为生态系统提供了水、空气和阳光三大要素。水不能太多，多了就是洪灾；也不能太少，少了就是旱灾。这些天灾都在地球上存在，但都是肆虐一时，最终达到协调——动平衡，使生命和人类可以持续存在。

自然又分为陆地和海洋两大系统，其中陆地又分为淡水、森林、草原、荒漠、沙漠和冻土等各大系统。由于降水和气温的变化，这些系统也发生矛盾而且互相转化，这些转化都是动平衡的体现，而最终达到协调。森林不可能无限发展，沙漠也不可能无穷扩张。

经济发展的协调。例如投资、消费和出口之间的协调，要达成和谐的比例，哪个要素过高了都是不协调。再如，第一、第二、第三产业之间的协调，在大力发展服务业的同时，也不能削弱农业，同时要保持第二产业的一定比例。

（3）绿色

"青山绿水"是自古以来的中国梦。"绿"并不是生态系统好的唯一标志，自然生态系统是一个生命共同体，还包括昆虫、鱼类、走兽和鸟类等其他动物，也要考虑水资源的支撑能力，不是越绿越好。同时，如果只是单一树种的人工密植造林，没有乔灌草的森林系统，没有林中动物，绿是暂时绿了，但不是好的生态系统，而且难以持续。

近20万年以来地球就是一个多样的生态系统，包括草原、荒漠、沙漠、冻土、冰川和冰原，如果盲目地要地球都变绿，既不必要，也不可能。就是在温带平原，森林覆盖率在25%～35%（从北到南逐渐增加）就已经能满足生态的需要了。

（4）开放

地球在宇宙中是个相对孤立和封闭的系统，但也从太阳获得生命存在所必要的能量，不是绝对封闭的。

地球中的各个自然子系统之间，更是相互开放的系统。土壤、森林、草原、河湖、湿地、荒漠、沙漠、冻土、冰川和冰原等各系统之间都相互开放，进行信息、能量和水量的交换，以致大范围地转化，使这些系统可以自我调节，达到自身的动平衡，从而实现可持续发展。

例如，当降雨过多，水就渗入地下水层，在旱年供植物吸收和人类抽取，构成了土壤、森林、河湖、湿地和人类社会系统各开放系统之间的水交换，从而达到了各系统之间的水平衡，或者叫"水协调"。

生态学近年发现的一个重要的现象，被称为"蝴蝶效应"，即南美亚马孙热带雨林中一群蝴蝶的异动可能在大洋彼岸引起生态变化，说明了生态系统广泛的开放性和强烈的互相影响，这是人们必须深刻认识，而且在生态文明建设中应高度注意的。

（5）共享

生态系统的基本原理是食物链，所谓食物链就是在链上的生物以各自不同的方式共享。

从生态文明建设来看，共享至少有三方面的含义。①在一个子系统内，自然生态和商品财富都应该共享，即某个人不能占有过多的资源，也不应拥有过多的商品财富。例如在法国，原则上规定不管在公务系列还是私营企业，最高薪的实际收入一般不能超过最低薪实际收入的6倍，靠纳税来调节，这样才能"文明"共享。②地域的含义，即国与国之间也不应贫富悬殊。在地球这个大系统中人类应该共享文明果实，高收入国家有义务帮助低收入国家；应对温室效应应该遵循"共同而有差别的责任"的原则，在2020年以前，高收入国家应向低收入国家提供1000亿美元温室气体减排的援助。同时，减排的生态维系成果又是全球各国包括高低收入国家共享的。③代际共享。生态文明的根本目的是实现"可持续发展"，而可持续发展的基本概念就是"当代人要给后代留下不少于自己的可利用资源"，即"代际共享"的原则，这也是"生态文明"的原则。

二、传统美学文化

中国传统美学思想，是中国古代关于审美本质和美感体验最主要的基本思想之一，具有极强的独特性、时代性与创造性。此处集中探讨传统美学文化，以及传统美学在环境设计中的应用问题。

中国传统美学思想的本质是以中国古代哲学思想与艺术理论为基础的，是中国古代艺术创作的根本美学思想，也是中国古代审美哲学思想。有学者认为，中国的传统设计从来都没有将美视为设计美学的最高追求，其设计的最根本目的是表达当时的世界观与人生观，即表达社会主流思想，美这个体系范畴在中国传统美学中的地位，远不如在西方美学中的地位。所谓意象，即象外之象，既有具体的物象特征，更有超越具体物象特征、表达本体情感的"意"。这个"意"，是建立在中国古代世界观与人生观之上的审美哲学。

第二节　环境生态美学在环境艺术设计中的应用

一、面向环境可持续性的设计

（一）生命周期设计

环境限制明确表示，如果不考虑产品对自然的影响，任何设计活动都不能真正实现。现在有必要从产品开发一开始就考虑环境需求，就如同考虑成本、性能、法律、文化和审美需求一样。这样做的益处就在于预防，而不是出现了损失再进行补救（末端治理方案）。另外，在设计方面这也是更为有效和节能的干预手段，而不是为避免环境影响来设计和生产其他补救产品。

从设计过程一开始就采用环保意识的战略，将有助于防止或减少问题的发生，而不是浪费时间（以及健康和金钱）去纠正已造成的损害。这种方式更容易结合环境和经济两方面的优势。

（二）资源消耗最小化

资源消耗最小化意味着减少某种产品的材料和能源消耗，如果在产品生命周期的每个阶段及其提供的整个过程中都这样做会更好。

这个策略涉及对环境的定量保护，在可持续性方面有两层含义。首先，与输入量有关，这对于为了后代而保护自然资源有益。其次，与对自然界的输出有关，资源消耗的减少（的确是微乎其微），降低了对环境的影响。

尽量使用较少的材料，不仅是因为向自然索取的资源减少了，还因为这样减少了加工、运输和处理成本。类似地，减少能源消耗同样会大大降低因生产和运输产生的环境影响。

材料与能源有其经济成本以及生态成本，因此，最小化消耗是对所有资源的节约，不过目前降低使用过程中的能耗不属于公司的目标，因而也很难将其转化成高效产品的设计。

这种情形在销售型经济中尤其明显，但是，也有可能开发出更完整的产品服务系统，即用户不必拥有自己的产品。这种供应的新形式在生态效率方面带来了一些吸引人的内在价值。

为了给予设计师明确的指导和有效的支持，根据资源的性质，有以下两方面的原则：①材料消耗最小化；②能源消耗最小化。

（三）选择低环境影响的资源

设计旨在选择较低环境影响的资源（材料和能源），同时保证同一产品的功能部件和相应服务的生命周期相同。

设计师主要负责选择和使用材料，他们通常不关心材料的来源或者最终的去向。同样，他们也不太关心产品操作阶段的能源选择问题。在生产和销售阶段，设计师的角色并不受重视，但资深的设计人员仍然可以产生一定的影响。

重要的是要记住，为了使用准确、有效的方法以减少（功能部件生命周期不同步）对环境的影响，有必要尽可能重新设计整个产品体系。每步计算必须涉及整个生命周期及其所有过程。

这意味着我们必须在不同转化技术（有些可能产生有毒害的排放物，而有些有着同样效率却不产生）中做出选择，选择对自然影响小的配置结构；设计产品时，尽量使用较少的资源（能源和材料消耗）、产生较低的环境影响；然后，我们要定位材料和添加剂的选取，并采取办法尽可能地减少报废处理中有害排放物带来的危险。同时，生产前的计算也必须考虑到其工作环境和风险。

最后，从环境可持续性角度来看，其目的是为子孙后代保存资源，更为重要的是，保证资源的可再生性，或它们的可循环性。

可以说，选择低环境影响的资源，可以通过两种不同方式实现对自然的定性保护：①选择无毒害的资源；②选择可再生和生态兼容的资源。

二、环境可持续性分析

（一）光环境

光对于人类来说应该是一个并不陌生的词语，如果从光环境着手来讲人与居住区景观之间的联系，相信人们的脑海中一定已经呈现出了很多我们接触过的因为光环境而产生的美感。

光环境与居民的户外活动有着密切的联系，影响着居民的身心健康。为了促进居民的户外活动，居住区景观空间应尽可能营造良好的光环境。

良好的居住区光环境，不仅体现在最大限度地利用自然光，还要从源头控制光污染的产生。如在选择景观材料时须考虑材料本身对光的不同反射程度，以满足不同的光线需求；小品设施设计时应避免采用大面积的金属和镜面等高反射性材料，以减少居住区光污染；户外活动场地布置时，朝向应考虑减少眩光。在气候炎热地区须考虑树冠大的乔木和庇荫构筑物，以方便居民的交往活动；阳光充足的地区宜利用日光产生的光影变化来形成独特景观。另外，居住区照明景观应尽可能舒适、温和、安静和优雅，照度过高不仅浪费能源，也无法营造温馨宜人的光环境。

绿化作为景观的重要组成部分也跟光环境有着密切联系。如住宅旁绿地宜集中在住宅向阳的一侧，因为朝南一侧更具备形成良好小气候的条件，光照条件好，有利于植物生长，但设计上需注意不能影响室内的通风和采光，如种植乔木，不宜与建筑距离太近，在窗口下也不宜种植大灌木。住宅北侧日光不足不利于植物生长，应采用耐阴植物。另外，建筑东、西两侧可种植较为高大的乔木以遮挡夏日的骄阳。夜间还可利用庭院灯与植物的结合，形成明暗对比，凸现景观的幽静和温馨。

（二）通风环境

良好的风环境有利于建筑间的自然通风，夏季能有效驱散热量，降低居住区内温度，利于节能。良好的风环境还有利于空气污染物的扩散，通畅的气流可以避免烟尘、有害气体的滞留，维持居住区内良好的空气质量。建筑布局的朝向对居住区的风环境有很大的影响作用，不同地区有相应的最佳朝向及适宜范围。

不同的建筑组群形式，有不同的自然通风效果。

1. 行列式布置的组群

须调整住宅朝向引导气流进入住宅群内，使气流从斜向进入建筑组群内部，从而减小阻力，改善通风效果。

2. 周边式布置的组群

在群体内部和背风区以及转角处会出现气流停滞区，但在严寒地区则可阻止寒风的侵袭。

3. 点群式布置的组群

由于单体挡风面较小，比较有利于通风，但建筑密度较高时也会影响群体内部的通风效果。

4. 混合式布置的组群

自然气流较难到达中心部位，要采取增加或扩大缺口的办法，加入一些点式单元或塔式单元，改善建筑群体的通风效果。

（三）声环境

居住区的声环境是指住宅内外各种声源产生的声音对居住者在生理和心理上的影响，它直接关系到居民的生活、工作和休息。居住区规划设计中，必须保证住宅内声环境的质量，为居民提供宁静的居住环境，这也是"生态住区""绿色住宅"的重要标志。

城市居住区白天的噪声最大允许值宜控制在45dB左右，夜间最大噪声允许值在40dB左右。靠近噪声污染源的居住区应通过设置隔声屏障、人工筑坡、植物种植、水景造型、建筑屏障等进行防噪。

当然，声环境也包括一些优美的自然声，如风声、虫吟、鸟鸣、蛙唱等都是现代都市难求的声音素材，保护这些富有特色的自然声，能更好地提升居住区的品质（见表6.1）。

表6.1　居住区的声环境

声源	发生时间	物理特性	心理特性
鸟鸣声	清晨	声压级较小，中、高频成分重	动听、令人愉快
轻松的背景音乐	清晨、傍晚	声压级适中，中频成分重	恬静、宜人
微风吹过树叶间的摩擦	昼、夜	声压级小，中频成分重	安静、令人产生联想
孩子们的嬉戏	白天、傍晚	声压级适中，中、高频成分重	热闹、活泼
一部分昆虫的鸣叫	昼、夜	声压级小，各频率的声音成分均较重	宁静、安逸
小区花园内喷泉、潺潺流水	白天	声压级小，中频成分重	安静、动听

（四）温湿度环境

一个好的居住环境，必须有适宜的温度。实验表明，气候温度环境应低于人体温度，如保持在 24～26℃ 的范围最佳，这就要求我们在选择居住区基址时，尽量考虑到温度的舒适性，避开高温高寒的地方，并通过景观环境的规划和设计等措施来争取舒适的、自然的温度环境。

湿度是表示大气干燥程度的物理量。一定的温度下在一定体积的空气里含有的水汽越少，空气越干燥；水汽越多，则空气越潮湿；不含水蒸气的空气被称为干空气。在气象学中，大气湿度一般指的是空气的干湿程度，通常用两种表达方法：一是绝对湿度，也就是空气中所含的水分的绝对值（大气中的水蒸气可以占空气体积的 0～4％）；二是相对湿度，是指空气中实际所含水蒸气密度和同温下饱和水蒸气密度的百分比，用 RH 表示。人体最为适应的温、湿度是：温度为 18℃～28℃，湿度为 30％～60％。

温湿度环境主要是为了给人一种舒适感觉以及更好地进行居住而设计的，它是满足人本身以及在相同环境下的植物进行正常生存的重要因素。同时作为居住区的景观也具有很重要的地位，温湿度环境的不同决定了在进行景观规划的过程中必然进行不同的物种选择。因此，在进行景观设计之前必须先对居住区的温湿度环境有一定的掌握和了解，只有做到心中有数，才能使设计的过程得心应手。比如，北方地区冬季要从保暖的角度考虑硬质景观设计；南方地区夏季要从降温的角度考虑软质景观设计。

事实上，温湿度作为构成居住景观的重要组成部分常常被设计者忽略掉，在有些大型的楼盘小区设计当中我们会发现一些很珍贵的植物种类，但是这种植物本身对自身的生存环境要求很高，于是，当这种物种被不正确地放置到居住景观当中时，可以说是一种资源和生命的浪费。设计者原本希望构造美好的环境，在物种的选择上提高成本想营造一种上流的感觉，只可惜这种营造却好比海市蜃楼，最后的结果是人力、物力投入很多却没有收到良好的效果。业主同样花了钱买这个植物的观赏权，只可惜观赏的成本太高而延续性却不大。因而作为居住景观的设计人员，我们应该从更加专业的角度去考量设计的周全性，把方方面面的事情在设计构思的过程中考虑进去，才能够在设计施工过程中表现出完美的效果。

（五）人文环境

人是生活世界的主体，在居住空间中占有主体地位。建筑营造帮助人们在生活世界中居住下来，人们不仅从感官上更从心灵上认识和理解自身所处的具体空间和特征。居住环境不仅要满足使用者不同层次的需求，在景观视觉上趋于和谐并充满活力，还需继承和发展历史文脉，为居住区注入精神与文化内涵。因此，居住环境不仅具有物质的概念，也包含了精神的内容，具有文化意义。

不同地域的人有着各自不同的生活方式，造就了不同的生活习惯、文化状态并形成种种文化心理的沉积。文化的地域性、民族性所形成的文化传统对城市居住空间的组织与发展产生影响，由此形成居住环境的文化特色。居住空间的文化特色一方面表现为其空间物质形态的积淀和延续了历史文化；另一方面它又随着居民整体观念和社会文化的变迁而发展。中华民族历史悠久，传统文化博大精深，其中传统居住文化占据了重要的地位。传统文化与居住、建筑的结合形成了中国丰富多彩并极具特色的居住空间形式。

人类作为社会的主体，随着经济的变迁和发展，已经越来越关注自己的生存环境，人的存在已经从生存向提高生活质量转变。事实上，追寻更高品质的生活也成为很多人追求的目标，各种各样的环境因素成为人们选择居住区环境的重要组成部分。

三、新农村规划环境设计

（一）新型农村生态社区建设规划

1. 村庄的发展与总体规划布局

在进行村庄总体规划布局时，不仅要确定村庄在规划期内的布局，还必须研究村庄未来的发展方向和发展方式。这其中包括生产区、住宅区、休息区、公共中心以及交通运输系统等的发展方式。有些村庄，尤其是某些资源、交通运输等诸方面的社会经济和建设条件较好的村庄发展十分迅速，往往在规划期满以前就达到了规划规模，不得不重新制订布局方案。在很多情况下，开始布局时，对村庄发展考虑不足，要解决发展过程中存在的上述问题就会十分困难。不少村庄在开始阶段组织得比较合理，但在发展过程中，这种合理性又逐渐丧失，甚至出现混乱。概括起来，村庄发展过程中经常出现以下问题。

（1）生产用地和居住用地发展不平衡，使居住区条件恶化，或者发展方向相反，增加客流时间的消耗。

（2）各种用地功能不清、相互穿插，既不方便生产，也不便于生活。

（3）对发展用地预留不足或对发展用地的占用控制不力，妨碍了村庄的进一步发展。

（4）绿化、街道和公共建筑分布不成系统，按原规划形成的村庄中心，在村庄发展后转移到了新建成区的边缘，因而不得不重新组织新的村庄公共中心，分散了建设资金，影响了村庄的正常建设发展。

这些问题产生的主要原因，是对村庄远期发展水平的预测重视不够，对客观发展趋势估计不足，或者是对促进村庄发展的社会经济条件等分析不够、根据不足，因而出现评价和规划决策失误。

为了正确地把握村庄的发展问题，科学地规划乡（镇）域至关重要，它能为村庄发展提供比较可靠的经济数据，也有可能确定村庄发展的总方向和主要发展阶段。但是，实践证明，村庄在发展过程中也会出现一些难以预见的变化，甚至出现村庄性质改变这样重大的变化，这就要求总体规划布局应该具有适应这种变化的能力，在考虑村庄的发展方式和布局形态时进行认真、深入、细致的研究。

2. 村庄的用地布局形态

村庄的形成与发展，受政治、经济、文化、社会及自然因素所制约，有其自身的、内在的客观规律。村庄在其形成与发展中，由于内部结构的不断变化，从而逐步导致其外部形态的差异，形成一定的结构形态。结构通过形态来表现，形态则由结构产生，结构和形态二者是互有联系、互有影响、不可分割的整体。而常言的布局形态含有结构与布局的内容，所以又称为布局形态。研究村庄布局形态的目的，就是希望根据村庄形成和发展的客观规律，找出村庄内部各组成部分之间的内在联系和外部关系，求得村庄各类用地具有协调的、动态的关系，以构成村庄的良好空间环境，促进村庄合理发展。

村庄形态构成要素为：公共中心系统、交通干道系统及村庄各项功能活动。公共中心系统是村庄中各项活动的主导，是交通系统的枢纽和目标，它同样影响着村庄各项功能活动的分布，而村庄各项功能活动也给公共中心系统以相应的反馈。二者通过交通系统，使村庄成为一个相互协调的、有生命力的有机整体。因此，村庄形态的这三种主要的构成要素，相互依存，相互制约，相互促进，构成了村庄平面几何形态的基本特征。

对于村庄的布局形态，从村庄结构层次来看可以分为三圈：第一圈是商业服务中心，一般兼有文化活动中心或行政中心；第二圈是生活居住中心，有些尚有部分生产活动内容；第三圈是生产活动中心，也有部分生活居住的内容。这种结构层次所表现出来的形态大体有圆块状、弧条状、星指状三种。

（1）圆块状布局形态。生产用地与生活用地之间的相互关系比较好，商业和文化服务中心的位置较为适中。

（2）弧条状布局形态。这种村庄用地布局往往受到自然地形限制而形成，或者是由于交通条件如沿河、沿公路的吸引而形成，它的矛盾是纵向交通组织以及用地功能的组织，要加强纵向道路的布局，至少要有两条贯穿城区的纵向道路，并把过境交通引向外围通过。

在用地的发展方向上，应尽量防止再向纵向延伸，最好在横向上利用一些坡地做适当发展。用地组织方面，尽量按照生产——生活结合的原则，将纵向狭长用地分为若干段（片），建立一定规模的公共中心。

（3）星指状布局形态。该种形态一般都是由内而外地发展，并向不同方向延伸而形成。在发展过程中要注意各类用地合理功能分区，不要形成相互包围的局面。这种布局的特点是村庄发展具有较好的弹性，内外关系比较合理。

3. 村庄的发展方式

（1）由分散向集中发展，连成一体。在几个邻近的居民点之间，如果劳动联系和生产联系比较紧密，经常会形成行政联合。

（2）集中紧凑连片发展。连片发展是集中式布局的发展方式。集中式布局是在自然条件允许、村庄企业生产符合环境保护的情况下，将村庄的各类主要用地，如生产、居住、公建、绿地集中连片布置。

（3）成组成团分片发展。同集中式的布局相反，有一部分村庄呈现出分散的布局形态。

①要使各组团的劳动场所和居民区成比例地发展。

②各组团要构成相对独立、能供应居民基本生活需要的公共福利中心。

③解决好各组团之间的交通联系。

④解决好村庄建筑和规划的统一性问题，克服由于用地零散而引起的困难。

（4）集中与分散相结合的综合式发展。在多数情况下，以遵循综合式发展的途径比较合理。这是因为在村庄用地扩大和各功能区发展的初期，为了充分利用旧区原有设施，尽快形成村庄面貌，规划布局以连片式为宜。但发展到一定阶段，或者是村庄企业发展方向有较大的改变，某些工业不宜布置在旧区，或者是受地形条件限制，发展备用地已经用尽，则应着手进行开拓新区的准备工作，以便当村庄进一步发展时建立新区，构成以旧村区为中心，由一个或若干个组团式居民点组成的村庄群。

（二）生态文明建设下的新农村公共服务设施规划

1. 村庄道路的分级

道路的规划应该依据村庄之间的联系以及村庄各项用地的功能、交通流量等，结合自然条件和现状的特点，确定道路的系统，并且要确保有利于建筑布置与管线的敷设，同时还应该满足救灾避难与日照通风的要求。村庄所辖地域范围内的道路按照其主要的功能与使用特征，应该划分成村庄道路和田间道路两类。

（1）村庄道路

村庄内道路是村庄连接主要的中心镇以及村庄中各个组成部分的联系网络，也是道路系统的主要骨架和"动脉"。村庄内的道路可根据国家建设部颁布的《村庄规划标准》的规定进行规划。按照村庄的层次和规模，按照使用的任务、性质以及交通量的大小分成了三级，如表 6.2 所示。

表6.2 村庄道路规划技术指标

规划技术指标	村镇道路级别		
	主干道	干道	支路
计算行车速度（千米/时）	40	30	20
道路红线宽度（米）	24～40	16～24	10～14
车行道宽度（米）	14～24	10～24	6～7
每侧人行道宽度（米）	4～6	3～5	0～3
道路间距（米）	＞500	250～500	120～300

（2）田间道路

农田道路是连接了村庄和农田以及农田和农田之间的道路，能够极大地满足农产品的运输、农业机械下田作业以及农民进入田间从事生产劳动的要求，主要能够分成机耕道与生产路。生产路只供人、畜下田进行作业时候使用。其规划的等级和技术指标如表 6.3 所示。

表 6.3　农田道路规划技术指标

规划技术指标	农田道路级别		生产路
	机耕道		
	干道	支道	
道路红线宽度（米）	6～8	4～6	2～4
车行道宽度（米）	4～5	3～4	1～2
道路间距（米）	＞1000	150～250	150～250

（3）村庄道路系统规划

对村庄内部的道路系统进行规划，需要结合新农村中心村建设和改造以及农田规划而进行，按照村庄的层次和规模、当地的经济发展特点、交通运输的有关特点等进行综合考虑。个别中、远期能够升格的村庄，在进行道路规划时，应该注意远近结合、留有一定的余地，如果因为资金不充足等有关的问题也可以进行分期实施，如先修建半幅路面等。通常情况下都是根据表 6.4 的有关要求而设置不同级别的道路。

表 6.4　村庄道路系统组成

村庄层次	规划规模分级	村镇道路级别			机耕干道	机耕支道	生产路
		主干道	干道	支路			
一般镇	大型	•	•	•	—		
	中型	○	•	•	—		
	小型		•	•			
村庄	大型	—	○	•	•	•	•
	中型	—	○	•	•	•	•
	小型	—		•	○		•

村庄道路系统是以村庄现状、发展规模、用地规划及交通流量为基础，并结合地形、地物、河流走向、村庄环境保护、景观布局、地面水的排除、原有道路走向、各种工程管线布置以及铁路和其他各种人工构筑物等的关系，因地制宜地规划布置。规划道路系统时，应使所有道路主次分明、分工明确，并有一定的机动性，以组成一个高效、合理的交通系统，达到安全、方便、快速、经济的要求。

道路网节点上相交的道路条数有一定的限制，不能超过 5 条；道路的垂直相交最小夹角也应该大于 45°，并且应该尽可能避免错位的 T 字形路口。道路网形式通常采取方格式、放射环式、自由式与混合式的布置形式。

①方格式。方格式也称为棋盘式，道路呈直线，大多是垂直相交的。这种道路布局的最大特征就是方格网所划分的街坊十分整齐，有利于进行建筑物的布置，用地十分经济、紧凑，有利于建筑物的布置以及方向识别。从交通方面来看，交通组织十分简单而便利，道路的定线十分方便，不会形成一些比较复杂的交叉口，车流能够十分均匀地分布在所有的街道上；交通的机动性比较好，当某条街道受阻车辆绕道行驶时，其路线也不会增加，行程的时间同样也不会增加。这种布局适用于一些平原地区。这种道路系统也有着十分明显的缺点，它的交通相对比较分散，道路的主次功能不太明确，交叉口的数量过多，影响行车的畅通。

②放射环式。放射环式道路系统主要由两部分组成，即放射道路与环形道路。放射道路担负了对外交通联系的重要任务，而环形道路则担负了各个区域之间的运输任务，并且连接放射道路，分散部分过境的交通。这种道路系统主要是以公共中心为中心，由中心引出放射形道路，并在其外围地带敷设了一条或者几条环形的道路，像蜘蛛网一样构成了整个村庄的道路交通系统。环形道路有周环，也可以为群环或者多边折线式；放射道路有的是从中心内环进行放射，有的则是从二环或三环进行放射，也能够和环形道路呈切向放射。这种形式的道路交通系统优点主要是让公共中心区与各功能区存在直接通畅的交通联系，同时环形道路也能够把交通均匀地分散至各个区域。路线有曲有直，比较容易结合自然地形和现状进行敷设。

放射环式道路的一个十分明显的缺点就是比较容易造成中心的交通拥挤，行人和车辆十分集中，有一些地区的联系则需要绕行，其交通的灵活性没有方格网式的好。如在小范围内采用这种布局的形式，道路交叉则能够形成很多的锐角，出现很多不规则的小区或者街坊，不利于进行建筑物的布置。另外，道路十分曲折也不利于方向的辨别，以致交通不便。放射环式道路系统通常适合在一些规模较大的村庄中布置，对一般的村庄来说则很少采用。

③自由式。自由式道路交通系统主要是以结合地形起伏、道路迁就地形而形成的一种布局形式，道路弯曲自然，没有一定的几何图形。这种形式的优点是可以比较好地结合自然的地形，道路就能够自然顺适，生动活泼，能够最大限度地减少土方的工程量，丰富村庄的景观，节省工程的造价费用。自由式大多是用在山区、丘陵地带或者地形多变的区域。其缺点就是道路多为弯曲、方向多变，比较紊乱，曲度系数比较大。因为道路曲折，所以就会形成很多不太

规则的街坊，影响了建筑物的布置以及管线工程的施工布置。同时，因为建筑太过分散，居民的出入也十分不便。

④混合式。混合式道路系统，主要是结合了村庄的自然条件与现状，力求吸收前三种基本形式的优点，适应性比较强，避免了自身的缺点，因地制宜地对村庄道路系统进行规划布置。

上述的四种交通系统类型，各有优缺点，在实际的规划过程中，应该根据村庄的自然地理条件、现状特征、经济状况、未来发展的趋势以及民族传统习俗多方面进行综合性考虑，做出一个比较合理的选择与运用，不可以机械地单纯追求某一种形式，绝对不可以生搬硬套搞形式主义，应该做到扬长避短，科学、合理地对道路系统进行规划布置。

⑤满足村庄环境的需要。村庄道路网的走向应该有利于村庄内的通风。北方地区的冬季寒流风向主要为西北风，寒冷通常也会伴随着风沙、大雪。所以，主干道的布置应该和西北向形成一个垂直或者成一定偏斜角度的样式，以避免大风雪与风沙对村庄的直接侵袭；对南方村庄道路的走向应该与夏季的主导风向平行，以便能够创造良好的通风条件；对海滨、江边、河边的道路应该做到临水避开，并且布置一些垂直于岸线的街道。

道路的走向还应该为两侧建筑布置创造良好的日照条件，通常南北向的道路要比东西向的更好，最好是由东向北偏转一定的角度。

现代社会，机动车的噪声与尾气污染变得日益严重，应引起人们足够的重视。通常采取的措施主要有：合理地确定村庄的道路网密度；在街道宽度方面，应该考虑必要的防护绿地去吸收部分噪声、二氧化碳，同时释放出新鲜的空气等。

⑥满足村庄景观的要求。村庄道路不仅用作交通运输，而且对村庄景观的形成造成了很大的影响。道路景观可以通过线性的柔顺、曲折起伏、两侧建筑物的进退、高低错落、丰富的造型和色彩、多样的绿化来实现，并可以在适当的地点布置广场与绿地，配置建筑小品等，以此协调道路的平面与空间的组合；与此同时，通过道路将自然景色、历史古迹、现代建筑贯通起来，形成一个具有十分鲜明景观特色的长廊，对体现整洁、舒适、美观、绿色、环保、丰富多彩的现代化村庄面貌可以起到极为重要的作用。

对山区的村庄而言，道路的竖曲线主要是以凹形曲线为赏心悦目，而凸形的曲线则会给人以街景凌空中断的感觉。这种情况下，通常可以在凸形的顶点开辟广场，布置好建筑物或者树木，使人远眺前方的景色，有一种新鲜不断、层出不穷之感。

但是需要指出的一点是，不可以为了片面地追求街景的变化，将主干道规划设置成错位交叉、迂回曲折的形式，这样会导致交通不畅。

（4）道路绿化

道路绿化主要是在道路的两旁种植一行或者几行类型不同的乔木、灌木等，以此达到美化与保护道路的主要目的。按照道路绿化的作用，我们能够将其分成行道树、风景林、护路林三种主要的类型。行道树主要是指在道路的两旁或者一旁栽植单行的乔木，用来美化道路中的树；风景林主要是指在道路的两旁栽种两行及以上的乔木或者灌木，用来改善道路的环境；护路林主要是指在道路的两旁或者一旁空旷的地带，密植上多行乔木、灌木，以此来阻挡风沙、积雪或者洪水等自然灾害的侵害，保护道路的林带。

2. 教育设施规划

（1）中小学教育设施规划

中小学建筑设施主要是由教学以及办公用房所组成。此外，应有室外运动场地以及必要的体育设施；条件好的中小学还应该有礼堂、健身房等。教学及行政用房建筑面积：小学约为 2.5 平方米/每生，中学约为 4 平方米/每生。

教室的大小与学生的桌椅排列方式有很大关系。为了保护学生的视力，第一排书桌的前沿距黑板应该不低于 2 米，而最后排的书桌后沿距离黑板应该小于 8.5 米。同时，为了避免两边的座位太偏，横排的座位数应该不超过 8 个。所以，小学教室需要根据座位以及走道的尺寸要求，进深应该大于 6 米，教室的每一个开间应该也不小于 2.7 米。一个教室通常占到 3 个开间，因此，小学教室的轴线尺寸往往不应小于 8.4 米×6 米。由于中学生的课桌尺寸都比较大，教室的轴线尺寸往往不宜小于 9 米×6.3 米。上述尺寸的教室，每班可以容纳学生 54 个左右。教室的层高：小学可以是 3.0～3.3 米，中学则能够是 3.3～3.6 米。音乐教室的大小也要和普通的教室相同。

（2）中学教室

为了方便应急疏散，教室的前后应该各设一门，门宽应该大于 0.9 米。窗的采光面积多是 1/6～1/4 的地板面积。窗下部应该设一个固定窗扇或者中悬窗扇，并且需要用磨砂玻璃，以免室外的活动分散学生们上课时的注意力。走廊一侧的墙面上也应该开设高窗以便于通风。北方的寒冷地区外墙采光窗上也可以开设小气窗，以方便换气，小气窗面积是地板面积的 1/50 左右。

教室的黑板通常长为 3～4 米，高是 1～1.1 米，下边距讲台 0.8～1.0 米。简易黑板主要是用水泥砂浆抹成的，表面刷黑板漆。为了避免黑板的反光，可以使用磨砂玻璃制成的黑板。讲台高为 0.2 米，宽 0.5～1.0 米，讲台长应该要比黑板的每边长 0.2～0.3 米。

中学的物理、化学、生物课都需要在实验室中进行实验教学，规模小一些的学校也可以把化学、生物合并成生化实验室。小学则有自然教室，实验室的面积通常是 70～90 平方米，实验准备室多为 30～50 平方米。为了简化设计与施工，实验室以及准备室的进深要和教室保持一致。

实验室及准备室内需设置实验台、准备桌及一些仪器药品柜等。

厕所所需要的面积不等，一般男厕所可以根据每大便池 4 平方米、女厕所每大便池 3 平方米计算。卫生器具的数量可以参考表 6.5 进行确定。

表 6.5　中学生厕所卫生器具数量

项目	男厕	女厕	附注
大便池的数量	每 40 人一个	每 25 人一个	或每 20 人 0.5 米长小便池，或每 80 人 0.7 米长洗手槽
小便斗的数量	每 20 人一个	—	
洗手盆	每 90 人一个	每 90 人一个	
污水池	每间一个	每间一个	

男、女学生的人数可以根据 1：1 的比例加以考虑。男女生厕所中可以增加一间教师用厕所，也可以把教师用的厕所与行政人员用的厕所合在一起设置。

学生厕所的布置和使用的人数存在一定的关系。每层的人数不多时，可以各设一间男女厕所，进行集中布置。每层的人数比较多时，可以把男女厕所分别布置于教学楼的两端，在垂直方向上把男女厕所进行交错布置，以方便使用。

大便池主要分为蹲式、坐式两种。小学生与女生在使用大便池时可以考虑蹲式、坐式各半。小学厕所中大便池的隔断中不设门。小学生所用的卫生器具，在间距与高度上的尺度可以比普通的尺度小约 100 毫米。

阅览室的面积和学校的规模大小以及阅览的方式有很大关系：中等规模的学校通常按 50 个座位进行设计，每座的面积大小（中学是 1.4～1.5 平方米，小学为 0.8～1.0 平方米）；阅览室的宽度尺寸应该和教室保持一致。如果房间太长，空间的比例失调也可能会分为两间使用，大间作为普通的阅览室，小间则可以作为报刊或者教师专用阅览室，阅览室的层高和教室一样。田径运动场根据场地的条件不同，跑道的周长可以设为 200 米、250 米、300 米、350 米、400 米。小学应该有一个 200～300 米跑道的运动场，中学宜有一个 400 米跑道的标准运动场。运动场长轴宜南北向，弯道多为半圆式。场地要考虑排水、田径运动场形式、尺寸及场地构造等。

（三）托幼建筑设计

①基地选择。4 个班以上的托儿所、幼儿园需要进行独立的建筑基地设计，通常都是位于居住小区的中心。

a. 托儿所、幼儿园的服务半径通常不能超过 500 米，方便家长们接送孩子，避免了交通的干扰。

b. 日照条件比较充足、通风性良好、场地干燥、环境优美或者接近城市的绿化带，有利于利用这些有利的条件与设施开展儿童室外活动。

c. 应该远离污染源，并且还应该符合有关卫生防护标准的相关要求。

d. 应该准备比较充足的供水、供电以及排除雨水、污水的相关条件，力求做到管线短捷。

e. 能给建筑功能进行分区、出入口、室外游戏场地布置等提供一些必要的条件。

②总平面设计。托儿所、幼儿园应该按照设计任务书的有关要求对建筑物、室外的游戏场地、绿化用地以及杂物院等做出总体的规划布置，做到功能分区合理、方便管理、朝向适宜、游戏场地日照充足，创造一个符合幼儿的生理、心理活动特点的环境空间。

（4）儿童房间规划设计

活动室主要是供幼儿进行室内游戏、进餐、上课等一些日常生活的场所，最好是朝南，以便于能够保证良好的日照、采光与通风条件。地面的材料应该采用一些暖性、弹性的地面，墙面则应该在所有的转角处做圆角，有采暖设备的地方应该加设扶栏，做好充分的防护措施。

寝室是专门供幼儿进行休息睡眠的场所，托儿小班往往不另外设立寝室。

寝室应该布置在朝向比较好的位置，温暖地区与炎热地区都需要避免日晒或者设立遮阳设施，并且要和卫生间相邻近。幼儿床的设计需要适应儿童的尺度，制作也应该使用一些比较坚固省料、安全、清洁的材料。床的设计不仅要方便保教人员的巡视照顾，同时也应该使每个床位有一长边靠近走道。靠窗与靠外墙的床也应该留出一定的距离。

卫生间应该紧邻活动室与寝室，厕所与盥洗应该分间或者分隔，并且也应该能够直接的自然通风。每班卫生间的卫生设备数量不应少于规范规定。卫生间的地面要做到易清洗、不渗水、防滑，卫生洁具的尺度也应该适合幼儿的使用。

音体活动室是幼儿在室内进行音乐、体育、游戏、节目娱乐等一系列活动的场所。它主要是供全园的幼儿公用的房间，不应该包括在儿童活动单元之内。这种活动室的布置应该邻近生活用房，不应该与服务、供应用房等混合在一起。可以进行单独的设置，此时则宜将连廊和主体建筑连通，也能够与大厅结合在一起，或和某班的活动室结合起来使用。音体室地面应该设置暖、弹性等材料，墙面则应该设置软弹性护墙以防止幼儿发生碰撞。

3. 医疗设施规划

（1）村镇医院的分类与规模

按照我国村镇的现实状况，医疗机构可以根据村镇人口的规模加以分类：中心集镇处可以设立中心卫生院，普通的集镇可以设立乡镇卫生院，中心村则设立村卫生服务站。

中心卫生院主要是村镇三级医疗机制的加强机构。因为目前各县区域的管辖范围都比较大，自然村的居民点也分布相对较为零散，交通不是太便利，这样，县级医院的负担以及解决全县医疗需求方面的实际能力，就会显得太过紧迫了。

在中心集镇原有的卫生院基础上，予以加强，变成集镇中心卫生院，以此来分担一些县级医院的职责，担当县级医院的助手。它的规模通常要比县医院的小一些，但是通常要比普通的卫生院大很多，往往放置50～100张病床，门诊基本上要保证接待200～400人次/日的工作量，如表6.6所示。

表6.6　村镇各类医院规模

序号	名称	病床数（张）	门诊人次数（人次/日）
1	中心卫生院	50～100	200～400
2	卫生院	20～50	100～250
3	卫生站	1～2张观察床	50左右

卫生站主要属于村镇三级医疗机制的基层机构。它主要承担的是本村卫生的宣传等多种方面的工作，将医疗卫生的工作落实到基层。卫生站的规模不是很大，通常每天的门诊人数大概是50人，附带有设置1～2张观察床。村镇医

院建设的用地指标和建筑面积指标可以参考表 6.7。

表 6.7　村镇医院用地面积与建筑面积指标参数

床位数（张）	用地面积（平方米/床）	建筑面积（平方米）
100	150～180	1800～2300
80	180～200	1400～1800
60	200～220	1000～1300
40	200～240	800～1000
20	280～300	400～600

（2）建筑的组成与总平面布置

①分散布局。分散布局医疗与服务性用房，基本上采用的都是分幢建造的方式，其主要的优点是功能分区十分合理，医院的各个建筑物隔离得比较好，有利于组织朝向与通风，方便结合地形与分期建造。其主要的缺点则是交通路线比较长，各部分之间的联系不方便，增加了医护人员的往返路程；布置相对松散，占地面积较大，管线较长。

②集中式布局。这种布局往往是将医院各部分用房安排于一幢建筑物之中，其优点主要是保证了内部的联系方便、设备集中、便于管理，有利于进行综合治疗，占地面积比较少，极大地节约了投资；其缺点则是各部之间相互干扰，但是在村镇卫生院中仍然被大量采用。

（3）医院建筑主要部分的规划要点

①门诊部的规划要点。门诊部的建筑层数大多是 1～2 层，如果是 2 层时，应该把患者就诊不方便的科室或者就诊人次比较多的科室布置在底层，如外科、儿科、急诊室等。

合理地组织各个科室之间的交通路线，防止出现拥挤。在一些规模相对比较大的中心卫生院中，因为门诊量比较大，有必要把门诊入口和住院的入口进行分开设置。

要保证足够的候诊面积。候诊室和各个科室以及辅助治疗室之间需要保持密切的联系，路线也要最大限度地缩短。

②住院部设计要点。病房应该具备良好的朝向、充足的阳光、良好的通风与比较好的隔音效果。

病房设计的大小和尺寸，都和每一间病房的床位数多少紧密相关。目前村镇医院的病房大多都是采用 4 人一间以及 6 人一间的设计方式。随着经济的发展以及社会条件的进一步改善，可以多采用 3 人一间甚至 2 人一间的病房加以布置。除此之外，为了进一步提高治病的效果以及不让患者之间相互干扰，对一些垂危的患者、特护患者则应该另设单人病房。

病房的床位数以及日常比较常用的开间、进深尺寸可以参考表 6.8。

表 6.8　病房尺寸参考

病房规模	上限尺寸（米）	下限尺寸（米）
3 人病房	3.3×6.0	3.3×5.1
6 人病房	6.0×6.0	6.0×5.1

4. 文化娱乐设施规划

村镇文化娱乐设施是党和政府向广大农民群众进行宣传教育、普及科技知识、开展综合性文化娱乐活动的主要场所，也是两个文明建设的重要部分。文化娱乐设施的设计通常都有下列几个基本特征。

首先，知识性与娱乐性。村镇文化娱乐设施主要是向村镇居民进行普及知识、组织文化娱乐活动以及推广实用技术的重要场所，如文化站、图书馆、影剧院等。文化站组织学习和学校不同，不像学校那样正规，而更多是采用一种比较灵活、自由的学习方式。从它的娱乐性方面来看，文化站主要设有多种文体活动，可以最大限度地满足不同年龄、不同层次、不同爱好者的学习需求，如棋室、舞厅、阅览室、表演厅等。

其次，艺术性和地方性。文化站的建筑不但要求建筑的功能布局要十分合理，而且要求造型比较活泼新颖、立面的处理美观大方，具有鲜明的地方性特色。

最后，综合性和社会性。文化站举办的活动丰富多彩，并且是向全社会开放的。

（三）新农村生态景观规划

1. 乡村景观的类别

（1）农村的自然景观

自然景观经过人类数千年的历史，除了自身发生的变化以外，凡是人群聚居的地方，自然环境基本因人们的生存所需而被利用和改造了。因为人类需要靠自然环境生存，没有自然就没有人类。所谓靠山吃山、靠海吃海就是这个道理。荒山变良田也是因人类生存的需要，人类的生存必须依赖大自然、顺应大自然、保护大自然，人类才会平安无事。事实告诉我们与自然相对抗，违背了大自然的规律，自然就会报复我们。一次次的地震、海啸、台风等现象都说明自然的突变对人类生存的影响。凡是有人生存的地方，原始自然景观就会逐渐消失。人居环境越密集自然景观消失也就越多，保护自然环境关心全球的气候变化已成为世界性话题。

自然景观在人与自然的改造中也会发生质的变化，如梯田，它是在自然山体上开垦的田地，它是自然与人工的结合体。

（2）农村的生产景观

农村是以农业为主的生产基地，农业生产是乡村景观的主体。

传统的生产方式是人工生产，即生产程序中的播种、种植、管理、收割等劳作全是人工完成。因此在农忙季节时农田的人气比较旺，到处可见人群在田间忙碌的身影。

而现代化农业生产景观则完全不一样，机械化生产方式取代了传统生产方式，呈现出人少地大，田野上只见机械不见人的辽阔壮观的生产景象。农作物品种也比较单一整齐，一望无际，视野通透。

（3）农村的聚落景观

农村景观中的文化背景主要体现在聚落建筑形式和聚集居住的环境中。聚落环境的南北相异与气候、地理位置、自然条件都有关系。江南农村空气比较湿润，雨水较多，一般建筑形态在雾蒙蒙的村落环境中不能凸显。因此，古人在建筑造型上大胆运用黑白两极对比：白墙黛瓦，在强烈对比之下无论是晴天还是雨雾天气都能彰显村落建筑形态的淳朴和亮丽。黑白两色为主调的聚落在小桥流水人家的环境中，在绿色环绕的农田中尽显美丽，俨然是一幅天然的水墨画风景，总是会让观者流连忘返，思绪万千。北方农村景观与南方有明显的不同，建筑形态粗犷厚重，四合院形式较多。由于风沙的环境，人们喜爱在建筑物上涂抹大红大绿亮丽的色彩，以此表露隐藏在心中渴望获得的一种审美欲望。

2. 自然景观开发的主要模式

（1）自然景观的保护开发模式

发挥地域景观特色的魅力，取决于当地的自然特性和地方人文历史积淀的丰富性。中国人在世界上最早提出"风景"的概念，很早就形成了以五岳等"天下名山"为代表的山岳旅游地开发模式。但今天，即使是山岳旅游地，也面临着一个从"天下名山"审美模板向"国家公园"审美模式转变的问题。

草原、湿地、沙漠都是近几十年才进入旅游利用视野的资源，它与山岳旅游地在自然环境基础、风景审美机理、活动利用条件、伴生文化类型等诸多方面有很大不同。但是，人们并没有对草原旅游等晚近开始的旅游形式的模式、思路进行足够的研究、总结，甚至仍旧在以"天下名山"的空间格局、设施安排、游览方式来看待、处置草原等类型的旅游地。

草原地区平坦空旷与环境背景不协调的建筑和景观，将会一览无遗地暴露在旅游者视野中。因此，建筑设施与景观的风格、形式、材质、色彩、体量等都更需要精心打造，但现实情况不能够令人满意，甚至出现汉地风格的亭台楼阁、装饰华丽的敖包等，亟须加强研究和探讨。

"供需逻辑清晰化"，一是要让各方利益主体清楚确认草原旅游"美"在哪里，即明确知道草原旅游产品提供给旅游者的核心价值是什么，清楚掌握旅游者到访草原寻求哪些方面的价值，实现供需的无缝对接；二是要研究摸索出草原旅游目的地产品组合、空间布局、活动空间组织的基本模式，即人们到访草原时如何"审美"的问题。

我国传统的以五岳三山为代表的"天下名山"旅游模式，其实是一种"景点式"旅游模式，游客以景点（即新奇特异的造型地貌等自然景物、巧夺天工或历史由来久远的人工构筑物）观赏为核心活动内容，游客一路上从一个观景点赶往另一个观景点。但草原地区地貌景物变化不大，缺少有形物质文化遗存，这些特点极不适合"景点式旅游"的要求。

草原风景是一种开阔的"眺望风景"，是一种"全景审美空间"，观赏草原辽阔、壮丽的"全景审美空间"（观光）是每个草原旅游地第一位的游赏活动形式，草原风景也许没有哪一处很特别，但站在草原上放眼望去，哪里都很美，骑马、徒步、驾车而行，也是时时、处处有美景。所以，草原旅游地要尽量控制游憩活动区、管理服务区、度假接待区等空间的面积，要给客人提供多种不同距离的、可放眼欣赏"全景审美空间"的观览路线。

具体而言，草原旅游地的布局要注意这样几个方面：①将管理区、度假接待区、游憩活动区面积占据整个旅游地的比率控制在极低水平，将环境压力、景观改变控制在较小区域；②规划不同长度的观览路线，满足通过步行、骑行、车行方式游览草原"全景审美空间"的基本需求；③管理区、度假接待区、游憩活动区在空间上要相对分离布局；④管理区、度假接待区、游憩活动区、点（牧户、沿路服务点、敖包、寺庙等）的布局形态要考虑游客使用方便性；⑤综合考虑地形、地物的全局关系进行布局。

风水文化源于我国民间流传的一种选址建房等传统经验的积累。其目的是处理好人与环境的关系，求得与天地万物和谐相处，达到趋吉避凶、安居乐业的一种愿望。用现代观念分析它，其中包含了环境学、气象学、美学等合理的因素，有其科学的一面，不能一概认为是迷信。

对幸福的追求和对美好生活的向往，体现当地文化历史的文物。除此之外还有木雕家具、门窗、栋梁等，以及各种石狮、石鼓、石础、石敢当、石牌坊、石井等。

（2）自然景观的改造开发模式

改造的目的是传承当地的自然和文化特色，使之成为有本地传统特色的现代化新农村景观。

（3）自然景观的创新开发模式

中共十七届三中全会以后，国家强有力的经济政策的支持，全国都在关注新农村的建设和发展，各地都在用不同的方式建设和促进农村的发展。目前，各地农村正处在各种新旧农村的改造和建设中。

①新农居建设要体现地域特色。农民的建筑是农村景观中的重要组成部分，农民建筑的美观与否直接影响到农村的整体形象，建筑群好看则农村景观就美丽。

社会在发展，思想在进步，人们的审美也在发生变化。如何创新，这是我们面临的艰巨任务。为避免建筑形式上的混乱，建筑形态的确定可多听取专家意见。在专家的指导下，制定一个既有当地传统特色又有现代元素的框架，让大家在这个框架范围内进行建造。这样可以保证村庄建筑的整体和谐，使当地农村景观的审美价值提升。

创新不能脱离地域特色而应在传统文化上寻找文化元素，结合现代人的生产生活习惯重新建造，使新建筑既有原本传统风格又不乏现代气息。建新房对农民来说，是生活中的一件大事，农民都喜欢把自己的美好愿望一同建造在自己居住的房屋建筑上，一般会在建筑上添加装饰纹样。如：用些吉祥物、吉祥纹样在房屋的屋脊、屋角、山头上做些装饰，以表示对家庭幸福、生活美好的追求。因此，在新农村建筑上依然可以利用这些装饰元素，这些因素是一种整体和内外环境的和谐，体现农村文化的一部分，内容及纹样的造型可有不同风格，也可结合现代人的审美习惯再创造，在地区内形成独特的风格，在材料上做些统一和规范，这样的农村建筑一定会有当地的新特色。

新农居建设要注意满足居住者生产生活的双重需要：我国农居一般由住宅（堂屋、卧室、厨房）、辅助设施和院落三部分组成。按农居的传统习惯后院都设有厕所、禽畜圈所和新设施沼气池等。前院有农具放置场地、晾晒场地等。但是，用发展的眼光看，农村一旦全面实现农业机械化，那么农居的形式可能也会随之改变，农民的生活生产方式也会随之发生巨大变化，所以新农居的建设要有一定的预见性和超前意识，合理规划。

②农田与树木的布局美。植物是与土地利用、环境变化结合最为紧密的自然景观元素。树木具有较强的水土保持能力，其树冠枝叶能截住雨水，减少对土壤的冲蚀；树木植物可以遮阴和防止地面的水分蒸发，保护地下水层；地被植物还有固土涵养水分、稳定坡体、抑制灰尘飞扬和土壤侵蚀等作用；植被作为生物栖息地的基础，能在生物保护中起到重要作用。灌木、乔木能起到限定场地、增加场地美感和空间感的作用。植物的这些丰富功能在景观规划中起到了重要作用。

目前我国大多数农村在树木美化农田环境方面做得还很不够，树种比较单一，缺乏观赏性。也许大家还没意识到农村新景观的美丽会给当地农村带来经济利益的问题。若在农村单调的田野中配置一些具有观赏性的树木加以点缀与衬托，可使农村景观起到锦上添花、整体出新的作用，以此提高农村景观的审美价值。

农村的环境美化不同于城市，需要追求经济效益和观赏效果并重。如农村的行道树可栽植杨树。杨树为速生树种，且适应性广，春、夏、秋、冬各有不同的景观效果，还是制作快餐用筷、牙签的好材料。

农村的新景观设计需要发挥各种树木的观赏性，以此提高农村整体环境的品位。可以选用一些花木列植或群栽到田间或路旁，到了花开季节可以观赏到各种不同色彩的田园风光：有粉红色花开的樱花树、有淡紫色花开的泡桐树、有白色花开的槐树，还有金黄色花、玫瑰红果的栾树等。除了花木还有可观赏叶色的树木，如银杏树、榉树、枫树、乌桕、水杉、梧桐等。到了秋季，这类树的叶色极其丰富，栽植这些树木可形成不同的植物色带，装饰农村单调的田野空间，可丰富景观色彩。因此我们可以根据需要，找到不同观赏效果的树木加以合理配置。要注意的是：植物是有地区性的，必须适地适树才能发挥好植物造景的优势。

农村景观需要创新，但并不是排斥现有的农村环境以及古老的传统耕种模式，而是通过梳理和合理布局等方法，在产生经济效益的同时又具有观赏性。

第三节　传统美学在环境艺术设计中的应用

一、儒家美学思想在环境设计中的应用

（一）"仁者爱物"思想在环境设计中的应用

儒家美学的核心是"仁"，实质上是追求人与人、人与环境之间的和谐共处。儒家美学"仁"的理念中有"己欲立而立人，己欲达而达人"（《论语·雍也》）、"己所不欲，勿施于人"（《论语·卫灵公》），都是谈人与人之间的关系的。环境艺术设计师在面对设计需求时，面临的最大问题就是要在设计的相对美形态和人性需求之间做一个折中选择，往往这个问题处理不好，环境艺术设计活动就无从谈起。设计的相对美形态与人性需求之间的矛盾，在国内外的环境艺术设计活动中都是一个主要矛盾。如果用儒家美学中"仁"的观点来解决这个问题，结果会变得比较理想。

儒家美学是以"仁学"理论为基础的美学思想，具有极浓的政治色彩，同时也构建了一定的理性精神与民主系统。体现为以人格美为"仁学"的核心基础，艺术美与自然美是对人格美的自然延伸与发展。儒家美学的基本理念是"仁、义、礼"。仁学，确立了人的主体性，提倡尊人之道、敬人之道、爱人之道和安人之道，《论语》中上百次地提到"仁"，体现了"仁"的理念本身就具有审美性，具有非概念的多义性、活泼性和无穷尽性，这也寓意着人的最高境

界即审美。

(二)"尽善尽美"思想在环境设计中的应用

尽善尽美的美学思想是孔子在《论语·八佾》里评论美善关系问题时，提出的具有深远意义的看法和重要审美标准，"子谓韶：'尽美矣，又尽善也。'谓武：'尽美矣，未尽善也。'"它不仅属于一种针对特定审美对象的审美标准，而且是中国传统美学的核心思想之一。在中国，很长时间以来大家认为善就是美、美就是善，二者混沌不分。孔子第一次把美与善明确、系统地区分开来，对艺术设计之美与人们所追求向往的善，孔子提出了既统一又有区别的观点。从物体本质上讲，"美"通常是指能直接引起人们生理与心理变化的感性形式，是社会中每一个个体包括审美在内各种感性心理欲求的外化；"善"则是体现伦理道德精神的观念形态，是特指社会性伦理道德观念的积淀。这种区分实质上是将儒家至善至美的德行，形象地贯穿到了美学思想理论中。"美"是事物的外在形式表现；"善"表达的则是事物的内在美，也是理想型事物的最终体现。孔子认为"美"的东西不一定是"善"的，"善"的东西也不一定是"美"的，只有将"美"与"善"统一起来才是最完美的追求。即只有形式与内容统一，才是环境艺术设计的最高美学境界。

子曰："天何言哉，四时行焉，百物生焉，天何言哉！"其意指设计造物活动是动态的发展过程，造物的对象在这个过程中被创造出来，并服务于其他的造物活动直至消亡。设计的各种因素和各个环节都被动态地统一在一起。设计过程不再是孤立静止的，而是运动变化着的。

(三)"中和之美"思想在环境设计中的应用

数千年来，中国美学界一直把孔子思想的"思无邪"作为审美标准，人们在全面、准确地研究孔子的审美标准以后，发现孔子继承和发展了前人"尚中""尚和"的思想，形成了独特的中和之美的美学思想，并在此基础之上提出了中庸的美学原则。"中"是指力求矛盾因素的适度发展使矛盾统一体处于平衡和稳定状态，"和"就是多样或对立因素的交融合一。具体地讲，中和之美就是指结构和谐、内部诸多因素发展适度的一种美的形式。

孔子的"中和之美"思想强调情思的纯正和情感的恰当表现，并提倡以适中、适度为原则，最终形成和谐统一的平和美。无论对自然美、社会美还是艺术美，孔子的美学思想均是从中庸原则出发，以"中和"作为审美标准的。"中和之美"是他的最高审美理想，也代表了多数人的审美趣味和愿望，对环境艺术设计产生了巨大的影响。

（四）"礼"思想在环境设计中的应用

中国传统美学思想中除了包括对艺术作品审美的追求外，还包括人类的行为所应该遵守的"礼"。在孔子思想确立以前，"礼"和"乐"都受到重视，但是两者是分开谈论的，谈"礼"就是"礼"，谈"乐"就是"乐"。到了孔子思想确立之后，把"礼"和"乐"这两者统一形成系统的体系，成为礼乐思想。礼乐思想中的"乐"是要为"礼"服务的，"礼"在中国传统文化中是和地位结合在一起的。孔子在他的礼乐思想中主张等级制度，不同地位、不同等级的人所享受的待遇和拥有的权力是不相同的。

孟子的美学思想在很大程度上可以说是孔子美学思想体系的承继。在孟子所著的《孟子》七篇中，除了对尽善尽美、中和之美和礼乐思想做了进一步的阐述提升以外，还首次界定了"美"的定义，极大地丰富和延续了儒家的美学思想。

（五）"天人合一"思想在环境设计中的应用

儒家美学的"天人合一"思想最早出现在《易传》和《中庸》中。以德配天的思想是西周时期的神权政治学说，这一思想内涵主张人要与自然环境相互适应、相互协调。作为中国传统美学主流思想的儒家美学、道家美学及禅宗美学都主张"天人合一"，虽然这三家美学思想在内涵上各有所指，但其主张人与自然和谐共生的思想是一致的。

从生态伦理学的角度来看，儒家美学认为"天人合一"中的"天"是指"自然之天"，是广义上所指的自然环境，"人"指的是文化创造及其成果。所谓"天人合一"，主要是指人类和自然环境应该和谐共生、密不可分、共存共荣、相互促进、协调发展，这就是"天人合一"。这也是"天人合一"的宇宙观，它解释了人在宇宙中的角色和位置，人不是大自然的奴隶，也不是自然环境的主宰者。因此，在现代环境艺术设计中，我们要树立一种天人共生一体的观念，破坏自然环境就等于毁灭自身。这种朴素的"天人合一"的宇宙观正是现代环境艺术设计生态美学价值系统的逻辑起点。

儒家美学万物一体思想的核心是和谐秩序观。"大人者，以天地万物为一体者也，其视天下犹一家，中国犹一人焉。若夫间形骸而分尔我者，小人矣。大人之能以天地万物为二体也，非意之也，其心之仁本若是，其与天地万物而为一也。"（王守仁《大学问》）这种美学意指在环境艺术设计中，要在设计意识、设计理念及技术手段上，用全球一体化的眼光发展本土化、民族化的设计，体现传统美学内涵、民族的特色，以求同存异和和而不同的心态加强国际合作。

"天人合一"设计美学与环境艺术设计中的可持续性设计理念相通。孔子首先提出了"仁爱万物"的主张，这一美学思想协调了人与自然环境的关系，把人的道德原则扩展到了自然环境的生态中去。

（六）"克己"思想在环境设计中的应用

儒家美学的"克己复礼"思想是孔子在对人的伦理道德塑造中提出的概念，重点在于"克己"，就是克制私欲膨胀。世界发展带来的环境危机，大多数是人类为满足自身私欲而产生的。环保生态理念的呼吁迫在眉睫，产生与发展于人类生活的各个角落。在环境艺术设计中融入环保生态理念，就要先从设计师本身实现"克己"，再实现环境艺术设计作品的"克己"。

作为环境艺术设计师，要从"克己"入手树立强烈的生态环保观念，在设计中更多地加入生态环保元素。"克己"对设计成本提出了更高的要求，不仅需要更多地关注设计理念中生态环保的思维方式，还需要更多地投入生态环保材料。"克己"观念在儒家美学看来，是一种"义举"，是在舍弃自身需求的前提下满足其他人、事物需求的最佳处理方法。对于环境艺术设计师来说，树立和形成生态环保理念，直至使其成为自己的设计习惯，需要大量学习生态环保知识，进行生态环保实践研究，舍弃更多的非生态环保设计思维和方式，舍弃更多的商业利益追求，实现更健康、更环保、更生态的人居环境是环境艺术设计师的责任。

在环境艺术设计师树立自身生态环保理念的同时，生态环保的设计作品也自然随之不断产生。生态环保的环境艺术设计作品，主要从空间设计促成生态环保的生活方式和保持材料健康生态两个方面来表现。在环境艺术设计作品的空间设计中，应以"克己"作为设计的基础。在空间环境设计中，应尽量物尽其用，不让任何一个空间浪费。密集的人口和快节奏的生活是人类社会未来的发展趋势，节省资源和简化生活轨迹就成为生态环保概念的一部分。对空间环境的充分利用，减少生活、工作的空间环境中的烦琐部分，就成为空间环境设计规划的重要内容。在设计的材料选择上，应忽略材料价格上的差别而专注于生态环保材料的选用，生态环保材料对人的健康生存有利，而且可以有效减少对大自然无限制的索取。

二、道家美学思想在环境设计中的应用

（一）"道法自然"思想在环境设计中的应用

道法自然是道家美学最基本的核心内容，"自然""天文"和"人文"的概念是在先秦时期提出的，"观乎天文，以察时变；观乎人文，以化成天下"（周易·贲卦第二十二）。观察天道运行规律，以认知时节的变化；注重人事伦理道德，用教化推广于天下。"人法地，地法天，天法道，道法自然"（老子《道德经》第二十五章）。简单阐释为人要以地为法则，地以天为法则，天以道为法则，道以自然为法则。

道家美学研究分析了人类和宇宙中各种事物的矛盾之后，精辟涵括、阐述了人、地、天乃至整个宇宙环境的生命规律，认识到人、地、天、道之间的联系。宇宙的发展是有一定自然规则的，按照其自身完整的变化系统，遵循宇宙自然法则。大自然是依照其固有的规律发展的，是不以人的意志为转移的。所以，大自然是无私意、无私情、无私欲的，也就是我们提倡的所谓道法自然。

（二）"大象无形"思想在环境设计中的应用

"大音希声，大象无形，道隐无名"（老子《道德经》第四十一章）。理念诠释了人类对待事物的审美应当有意化无意，大象化无形，不要显刻意，不要过分主张，要兼容百态。

（三）"贵柔尚弱"思想在环境设计中的应用

"贵柔"而致"尚弱"。老子思想中曾提出事物本没有相互对立，事物都是互相联系、互相依存、互相转化的。静和动是可以互相转化的，柔弱的事物在一定的条件下可以变得刚强，变得坚韧有力。主张用柔弱来战胜刚强，阐述了以静制动、以弱胜强、以柔克刚、以少胜多的思想理念。

（四）"游之美"思想在环境设计中的应用

道家美学中"游"的思想理念，是指人的精神基于现实所能达到的至高至极的自由状态，是忘己、无我、忘物的统一，消减了人的价值观和是非观，是自然纯粹的精神状态。"游"的美学精髓是"道"作用于人的时间，进一步彰显了"大美"的内涵和道家美学思想的现实意义。

（五）"清之美"思想在环境设计中的应用

道家美学中"清"的思想理念，作为自觉的文化审美追求，是审美意识的最高境界。这一审美意识直接影响个体和民族群体审美观念的形成与审美趣味的取向，中国传统文化中对"清"的审美追求是无止境的。"清"是中国传统美学思想中的一个重要范畴理念，老子《道德经》第三十九章提出："昔之得一者，天得一以清，地得一以宁，神得一以灵，谷得一以盈，万物得一以生，侯王得一以为天下正。其致之也，天无以清，将恐裂；地无以宁，将恐废；神无以灵，将恐歇；谷无以盈，将恐竭；万物无以生，将恐灭；侯王无以正，将恐蹶。"天之所以"清"，在于它的"得一"，"得一"即是得到了"道"，"清"和"宁"便是得"道"的结果。《庄子·外篇·天地第十二》曰："夫道，渊乎其居也，谬乎其清也。"《庄子·外篇·天地第十五》曰："水之性，不杂则清，莫动则平；郁闭而不流，亦不能清；天德之象也。"由此可见，道家美学最早是用水的清澈与渊深来寓意"道"的自然本性的，"清"即是"道"的特征，"清"寄托了道家美学对大道之美的追求。

（六）辩证思想在环境设计中的应用

1. "虚"与"实"

虚实结合的美学理念认为，艺术创作时虚实结合才是艺术创作的内在规律，才能真实地反映有生命的世界。无画处皆成妙境，无墨处以气贯之，这是"虚实相生""计白当黑"的美学反映。"此时无声胜有声""绕梁三日，不绝于耳"是有声之乐的深化与延长。这些其实都是道家美学"大音希声，大象无形"的具体发展。"实"与"虚"的美学思想在传统美学设计手法中也有深刻的体现。

2. "动"与"静"

道家美学认为，自然界的根本是清静无为的。尽量使自然万物虚寂清净，则万物一起蓬勃生长。自然万物纷纷纭纭，各自返回到它们的根源，这就叫清净，清净就是复归于生命。表明了道家美学提倡万物作守清净的道理。

道家美学认为，宇宙是阴阳的结合，是虚实的结合，宇宙自然万物都在不停地变化、发展，有生有灭、有虚有实。中国传统室内环境布局的特点，也是运用"计白当黑"的美学思想，通过内部空间的灵活组合来完成对空间布局、立面造型及家具陈设等的艺术处理的。

3. "有"与"无"

"天下万物生于有，有生于无"（老子《道德经》第四十章）。"有"和"无"构成了宇宙万物，如地为有，天为无，地因天存，天因地在，缺其一则无另物。世间万物都是"有"和"无"的统一，或者说是"实"和"虚"的统一，统一即美的境界。

第七章
基于生态理念视域的环境艺术设计

第一节　我国生态环境设计的基本情况

一、环境设计的相关阐述

（一）环境的基本含义

环境有着宽广的内涵，除了包括为美化环境而设计的"艺术品"外，还应包括"偶发艺术""地景艺术"以及建筑界所称的"景观艺术"等。也就是说人们所耳闻目睹的一切事物都是环境构成的要素。例如，自然界的山、水、草、木，人工创造的建筑、市政设施、招贴广告，甚至人们自身的日常行为，如服饰、购物、休闲、运动等都是环境中的景致。环境艺术在特定的自然条件和生活条件下，根据一定的自然法则、工程技术和艺术规律，创造满足人的生存与生活需要，符合美的规律的综合空间艺术，它包括两个方面的内容：一个是适合人的生存需要，另一个是符合美的规律。它在认识和研究适合需要的同时，发现了如何创造美的环境。

（二）环境设计的基本内容

环境设计可以理解为用艺术的方式和手段对建筑内部和外部环境进行规划、设计的活动。它的目的是为人们的生活、工作和社会活动提供一个合情、合理、舒适、美观、有效的空间场所。它是多种科学的综合，在实际创作设计中，要在发展其他各方面科学技术的同时，密切关注生态问题，形成以保护生态环境为基础的生态可持续性设计观。

（三）环境设计的基本特征

因为人类的物质和精神生活是多样性的，不同的人可能对于生活环境的要求不同，所以环境设计的对象也不是相同的，要满足不同阶层、不同文化水平的要求，所以环境设计是一个集成性的学科。再者，环境是一个多方面的概念，是相对而言的，既可以从微观看，也可以从宏观方面进行分析。所以，环境设计包括的内容很多，可以是城市规划，也可以是室内小规划。环境设计是以人的需要，科学技术的支持，融合艺术感觉为一体的整体规划。现在环境规划根本就离不开环境设计。

彼德沃尔克指出，环境设计的根本性质是客观的、可见的，环境艺术和建筑、雕塑、绘画、音乐有相同点，但是其本质是不同的。环境艺术具有独特的内部秩序，其目的是要把人类的智慧融入大自然之中。提炼大自然的美感，将其进行升华。当人们面对它的时候，不是大自然的感慨，而是感受到设计的力量，感受到人类智慧的伟大。另外，必然要让人们意识到环境艺术的价值，就像好的工作能够留得住人才一样，好的环境设计会让房地产得到更大空间设计。

二、生态性环境设计的相关阐述

（一）生态性环境设计的基本内涵

生态性环境设计的基本含义是指人与自然事物的整体和谐。这种和谐不仅局限于反对人类对自然世界的破坏，而且在于反对斗争，提倡合作精神。生态性环境艺术把原本分开的科学以及自然人性重新结合起来，解除现代工业文明对人们精神上的伤害，拉近人与人之间的距离。这种促进给人带来巨大的快乐。

（二）生态性环境设计的原则

生态性环境设计以人与自然和谐发展为基础，维持一个人与物的长期共存的局面，是一个动态的过程。因此，这就要求生态性设计必须遵循以下几个设计原则。

1. 人本性原则

人是环境设计中的主体，所以生态性环境设计的基本思想就应该是"以人为本"，满足人类的精神和物质需求，优化人类的居住环境。在这同时，也要注意人类对自然施加的压力，要将这个压力控制在一定的范围内，尽量避免对自然的过分施压，超出自然的承受能力。在进行环境设计的时候，尽量多的给社会带来一定的经济利益，即能够满足人们对美的追求心理，舒适美观，具有一定的生态性，不给自然带来生态压力。人类和自然在很多方面存在一些冲突，所以，生态性环境设计要避免这些冲突，为二者找到融合点，并期望达到我国传统文化中所讲到的"天人合一"的最高境界。

2. 整体性原则

环境这个词从本质上来看就是从整体出发的大境况。这就要求在设计的过程中，要从整体出发，把人类和自然的所有东西都考虑在内，构成一个有机系统。小部分的利益应该配合大的方面设计，短暂的想法必须为长期的思考服务，把环境看作一个整体，不能分开考虑，这样才能够产生一加一大于二的效果。在设计的过程中协调好生态性环境的各个重要要素，这其中包括自然和生物、文化，对其进行合理的安排和构建，优化内部结构，通过整体原则的设计使得生态系统达到一个良好的状态。

3. 地方性原则

环境设计最先要考虑的应是符合一方特色，就如我国大部分地区在自然条件下种植不出热带水果一样，要符合当地的地域特色。生态性环境设计为了更好地说明其生态性，所以地方性原则显得尤其重要。这要求设计者对地方特色有比较深入的了解和观察，以及在实际生活的体验基础上进行设计创作。尤其在中国很多地方对环境设计，都受到我国传统文化的影响，例如风水等。另外，从科学的角度看，环境设计还需要考虑地方的水文、气候、景观等自然地理因素，政治经济的因素，使得这些因素很好地在设计中体现出来。尊重地方的传统文化以及本土风格，并从中得出启示，创作出既具有本土风格又具有时尚气质的作品。但是，随着时间的变化、社会的发展，作为生态性的环境设计，不能拘泥于其地方的传统格局，理应按照实时的情况做出准确的设计方向判断。

4. 科学性与艺术性相融合原则

科学性与艺术性原本就生态性环境设计所追求的，这里的科学性不是简单的科学技术的运用，而是真正意义上的科学，也就是环境艺术的科学发展，再利用现代先进技术的支持，和谐地、可持续地发展环境艺术。随着人们的审美水平日益增高，生态性环境设计要在满足当今人们的审美心理的情况下，合理地运用现代的高科技产品，不要过分追求技术的高要求，而是要重视生态，重视环境艺术的科学性和艺术性的结合。二者在某种情况下会略带倾向，但是不能够分裂开来，只有二者长期结合才是优秀的环境设计作品。

5. 拟人性原则

在我们强调人本性原则的同时，要将我们所处的"环境"亦看作"人"，当我们从这个角度来思考时可能才会实现真正意义上的生态性环境设计。

第二节　影响生态环境设计的基本因素

一、生态环境设计的要义

节地、节能、节水、节约资源及废弃物处理是生态环境设计中特别关注的技术内容。在工程实施过程中，生态环境涉及的技术体系则更为庞大，包括能源系统（新能源与可再生能源的利用）、水环境系统、声环境系统、光环境系统、热环境系统、绿化系统、废弃物管理与处置系统、绿色建材系统等，现介绍如下。

（一）建筑主体节能

建筑环境主体节能要求在保证舒适、健康的室内热环境基础上，采取有效的节能措施改善建筑的热工性能，降低建筑全年能耗，最大限度地减少建筑对能源的需求，以实现可持续发展的目标。

因此，建筑设计应充分考虑气候因素和场地因素，如地区、朝向、方位、建筑布局、地形地势等；应根据不同供暖空调方式来设计外墙的热工性能；寒冷地区的围护结构设计要考虑周边热桥的不利影响，同时应注意加强围护结构的保温；在夏季炎热地区，应充分考虑屋顶保温、遮阳、夜间通风等隔热降温措施的使用；此外，应充分利用天然热源、冷源来实现采暖与降温，如利用自然通风来改善空气质量、降温、除湿等。

（二）常规能源的优化利用

常规能源必须符合国家当前的能源政策；应合理地选择确定整个建筑中各设备系统的能源供应方案，优化建筑中各设备系统的设计和运行；结合居住区的具体情况（规模密集、区位、周边热网状况）采取最有效的供暖、制冷方式；并加强能源的梯级利用。

例如，对于小区中的采暖系统，在城市规模、市政管网设施等条件适宜的地区应推广热电联产、集中供热等大型采暖方式；在有合适的低温热源可以利用的地区可考虑采用热泵等采暖方式；对以电为主要能源的地区，电力峰谷差大的地区宜采用蓄热技术；泵、风机等动力输送设备宜采用变频技术；集中供热应对热网系统进行优化设计，并加强保温；对于集中供热的采暖末端应设有热计量装置和温控阀等可调节装置。

（三）可再生能源的开发与利用

要尽可能节约不可再生能源（煤、石油、天然气），并积极开发可再生的新能源，包括太阳能、风能、水能、生物能、地热等无污染型能源，提高可再生能源在建筑能源系统中的比例，同时要注意提高可再生能源系统的效率。

（四）水的循环利用与中水处理

结合当地水资源状况和气候特点，保证安全的生活用水、生态环境用水和娱乐景观用水，制定相应的节水、污水处理回收利用、雨水收集和回用方案，实现水的循环利用和梯级利用。对于沿海严重缺水城市应考虑海水利用方案。努力提高水循环利用率和用水效率，减少污水排放量。

（五）材料与资源的有效使用

应选择在生产和输送过程中消耗的自然资源少且能持久的建筑材料；同时在建筑设计和施工过程中要注意实现材料的可重复使用、可循环使用和可再生使用；应选择在使用过程中不产生对人体和环境有害的物质的建材；减少垃圾的产出、暴露和运输，减少对环境污染。

在技术成熟、经济允许的情况下可适当地使用新材料、新技术，提高住宅的物理性能。

（六）室外环境设计

应结合居住区规划和住宅设计来布置室外绿化（包括屋顶绿化和墙壁垂直绿化）和水体，以此进一步改善室内外的物理环境（声、光、热）。可利用园林设计来减少热岛效应，改善局部气候，保证小区内的温度、湿度、风速和热岛强度等各项指标符合健康、舒适和节能的要求；应注意为硬质地面和不透水地面提供必要的遮阳；地面铺装材料设计时应注意选择合适的反射率；应设计一定比例的有植物覆盖的绿色屋面；应提高基地的保水性能，减少不透水地面的比例；规划设计应使得人的活动区有舒适的室外风环境，方便人们进行户外活动；应仔细协调建筑的规划布局和单体设计，以处理好严寒地区、寒冷地区和夏热冬冷地区冬季防风的问题，同时保证夏季或过渡季建筑物前后有一定的压差，促进自然通风的进行。

二、生态环境设计的主要影响因素

（一）环境现状

20世纪以来，随着科技进步和社会生产力的极大提高，人类创造了前所未有的巨大财富。但人类在享受工业文明带来的方便与舒适的同时，也饱尝了随之而来的苦果。资源枯竭、环境污染、物种消亡这些现状已然向我们逼近。人类的生存环境也面临着诸如大气污染、水污染、地盘下沉、硫酸雨、热岛效应等现象。严重的生态危机引发了人们对原有生存空间、生活方式和价值观念的强烈反思，激起了人类生态意识的觉醒。

（二）社会因素

社会经济在市场经济中取得了优异的成绩，而人们的思想和生活方式也发生着重大的变化，并且现代人希望拥有一个更加舒适的生存环境。因此，当前的社会环境承担着文化、社会以及生活等多种职能。其中，城市环境的建设能够更好地满足人们在心理上的需求，创造出较为舒适的生活和学习环境。城市景观是人们将自身的理想和精神需求融入社会物质环境中的一种强有力的体现，是对精神需求物质化的表现。目前，在城市景观的生态设计中，在街道改造和城市绿化中一定要充分考虑城市架构和整体生态环境，但应该在环境所允许的范围之中，对环境资源进行适当的利用，并且在资源利用的过程中要有效尊重当前社会的实际情况，从而在人类与环境之间建立以后能够平衡、和谐的关系。

（三）人文因素

人文就是以人为中心，注重人性的发展，充分肯定人类在现代社会中做出的贡献，有力维护了作为人的基本价值。所以，生态环境设计者应该具备最基本的人文素质，因为如果缺少一定的人文修养和素质也就谈不上那份独特的设计精神，进而也就达不到生态环境设计中的境界。此外，人文思想不仅累积了我国悠久的文化精髓，同时也在很大程度上影响着社会的发展。

（四）生态因素

生态保护主要指是对环境生态平衡采取有效的保护措施进行的保护，但生态的自然环境自身都存在一定的规律和特点，这也是自然环境的本质属性。所有环境的设计活动都要从环境的各种生态和变化因素角度出发，将生态意识真正落实到环境设计工作中来。

第三节　我国环境设计生态性发展的策略

一、正确吸收外来生态性环境艺术设计精髓

西方有一位哲学家曾经这么评述过中国的问题，中国人的很多东西都有上千年的历史，如果这些东西被全世界所采用，那么地球上将会充满更多的欢乐，如果我们轻视东方智慧，那么我们自己的文明永远达到不了真正意义上的文明。我国是一个拥有 14 亿人口的大国，本身拥有如此多美好东西的我们，为什么却喜欢崇尚"拿来主义"呢，为什么就看不到自己本身的光辉呢？这是一个误区。对于外来生态性环境艺术的设计精髓，我们应该正确地吸收，而不能简单地"拿来"。面临生态破坏给予我们的警示，不要慌张，应该理性分析问题，用正确的态度对待外来文化，因为这种嫁接的东西不一定能够在我国的土壤上发生作用，有可能会给我们带来损失，外来的不意味着先进。

二、有效防止生态性环境设计中本土生态文化的缺失

目前在经济全球化的带动下，我国生态性环境艺术设计处在一种盲目的状态下，出现了一些不伦不类、盲目跟风的环境艺术作品，致使本土化环境艺术元素流失严重。在这个文化多元化的空间里，若要体现我国独有的特色，需要我国所有环境艺术设计师的共同努力。生态性环境艺术设计作为我国环境艺术设计的一个重要部分，是我们所迫切需要进行改善的。如果一种设计作品不具有本土特色，那么我们可以称之为不生态的。因为本土生态文化能够反映出当地的风俗习惯，一件环境艺术作品如果没有考虑到这一点，那么不能算是成功

的作品。

对于生态本土文化的问题，不同民族不同地区对这个有不同的喜好。但是，在现代环境艺术设计中融入本土特色是需要的。例如，北方以大气为主要气势，人们的性格、风俗都比较粗犷，所以我们可以在北方的环境艺术设计中贯穿这种艺术情绪。南方人比较重视婉约，流畅，"小桥流水人家"式样的环境设计，我们也可以根据其本土特征进行设计。例如，我国很多地方习惯用木头和柱子做房子，这种行为依然可以延续下来。在设计的过程中，深入了解当地的风俗民情，将其融入设计中去，为我国本土化艺术的发展增光添彩。

三、尽量避免在生态性环境设计中消费主义的过分操纵

消费主义一般在西方发达国家比较盛行，最具典型的代表就是美国，超前消费，偏离实际需要，无休止地追逐理想消费，这是一种被享乐主义曲解了的消费观念，是不科学的。过度的消费会对环境造成巨大的压力，从而破坏生态环境，引起人与自然的不和谐，不符合可持续发展的长期战略思想。

从设计的目的来看，就是为了满足人们的需要，而生态性环境艺术设计的目的就是在满足人们的正常消费的同时，把给自然造成的压力降到最小。这种只顾满足人们欲望的消费行为是不合理的、不生态的，尤其是在其反映在环境进行艺术设计方面时更加危险。因为，环境不等同于其他的物品，一旦被破坏，就没有后悔的机会了。所以，我们应当通过生态性环境艺术设计正确的引导人们合理的需要。在设计的过程中，也要远离"消费主义"色彩，尽量使得设计的作品生态、实用。我们生活的空间中，有着重要的生存法则，就像消费的协调性一样，要保持好这个"度"的理解，不能无止境地进行索取。在设计过程中，要尽量体现这种适当消费的观念，告诉人们消费不是欲望出发的设计，而是需求控制的设计。所以，我们希望看到的就是避开消费主义，进行"以人为本""以自然为本""以绿色为本"的可持续生态性环境设计。

第八章
环境艺术设计创新发展

从总体上来说，环境艺术设计的相对独立性日益增强，与此同时，和其他学科甚至一些边缘学科相互联结的趋势也日益明显。建筑环境艺术设计师，对于旧建筑或陈旧的室内设计都能进行一定程度上的创新与改造，并赋予它新的生命。设计师不仅可以创造出从无到有的设计，更能创造出从有到有的更多更好的改变，这样的做法可以有效减少在设计或生产中的资源浪费和环境污染，从而更好地促进多样化设计的产生。

第一节　环境艺术设计的构思表达

一、建筑环境艺术设计构思的过程

（一）建筑环境艺术设计构思的概述

1. 构思的概念

什么是构思？"构思"这一概念包含的内容十分宽泛，要想对其做出精确而全面的描述很难。从字面上理解，"构思"一方面通常被解释为一个抽象的概念，即被视为动态的思维过程，指艺术家在孕育作品的过程中所进行的思维活动；另一方面，"构思"也可以被描述为一个定型了的尚未实施的"思维成果"，即静态的表现形式，指设计师在想象中形成的关于作品的创作意图。

对于建筑方案设计来说，如果创意是召唤建筑意义的深层思想，甚至是哲学层面上的立足点，那么构思则是借助于形象思维将抽象立意贯穿实施的重要步骤，是思想"建筑化"的过程。不仅仅与立意相似，在立意基础上的逻辑思维发展过程，更重要的是其作为整个方案设计中的重要环节，是方案从无到有的诞生过程，是指以一定的设计手法和语言将创意转化为实际的方案，是如何实现立意、解决问题、将精神产品转化成具体的物质形式的过程，是对设计条件分析后的反馈，以及试图将其转变为设计策略的过程。简单地说，构思一方面要紧扣创意，不能脱离设计的中心思想；另一方面，建筑设计是一门综合性的学科，在实现创意的具体操作中会有各种各样的矛盾和问题需要解决。这其中考虑的因素更加具体，从环境到建筑本身，从空间到形态，从概念到可操作性等多条线索都应同时考虑，互动整合，最终通过其独特的、富有表现力的建筑语言达到设计心意而展开的发挥想象力的过程，是设计的灵魂。

2. 构思的特征

（1）过程性特征

建筑设计是一个全过程活动，其中构思活动相应的也具有很强的过程性特征。首先，建筑设计有一定的时间要求，设计的每一个阶段都有明确的任务和目标，构思阶段也不例外。其次，建筑设计是一个不断进行最优决策的过程，单靠"灵感"是达不到的，需要对设计方案进行逻辑分析和优化处理。在总的时间进度上要合理安排构思强度，解决每一个具体问题时都需要有相应的构思策略和方法，遵循思维活动的规律。

（2）表达性特征

随着构思在创作过程中的不断进展，其思维内容必然要通过一定的外显方式来体现，即要形成能为他人所直接阅读理解的思维成果，这就是构思的表达性特征。建筑师的构思表达不仅有助于向外界传达信息，与外界交流沟通，还有利于创作主体对自己的思维不断反省，以完善思考、优化决策。

实际上，在建筑设计的整个过程中，构思的进程与表达是相互依存的，一定阶段的构思必须借助于一定的表达方式帮助记忆、进行分析，从而进入下一个构思层次，但总体上，构思的进程与表达在建筑设计中共同经历着一个由模糊到清晰、由重复到确定的非线性的过程，其中构思进行在前、表达在后，表达是过程的反映，过程是表达的源泉。

（3）超前性特征

建筑从立项到建成往往要经历数年时间，从建成到最后被遗弃又要经历数十年甚至更长的时间，其间不可避免地会发生对建筑需求的变化，这就决定了创作构思要是超前的。在进行建筑设计之前，由于创意的需要，引发出了对客观事物的感受、分析和认识。在创作过程中，还需要根据建筑师对历史和现实的深刻理解，以及对未来将会发生的情况的预测，才能使建筑最大限度地满足使用者未来可能的不同需求。超前的构思是人们根据客观事物的发展规律，在综合现实世界提供的多方面信息的基础上，对客观事物和人们实践活动的发展趋势、未来图景及其实现的基本过程的预测、推断和构想。

（4）个性化特征

建筑构思的个性化特征涉及每个建筑师潜在的和深层的个人素质和性格背景，是建筑创作中最难以明确表述的，也是建筑构思最具魅力之处。

每个建筑师的不同作品，表面上看来有差异，但如果详细地从设计构思、设计手法、造型处理、细部构造进行分析，可以清楚地发现其中蕴藏着的个人风格。风格是形式的抽象，风格总是表现出了作者对时代、思潮的见解，表现出了作者的思想、情态和艺术倾向，表述出了作者的创作思路、艺术风格和个性。

3. 建筑环境艺术设计构思的组成条件

一个设计构思能否被完美地实施，取决于以下三方面的条件。

（1）主体——设计师

设计师是建筑设计的主体，其对建筑构思的影响主要体现在以下三个方面。

①建筑理念

设计师必须对"以人为本""环境、建筑、人三位一体"等观念有深入的认同和一定的理念构建。

②专业修养

设计师需要有一定的理论积累，熟悉建筑学的基本规律和法规，能运用扎实的建筑组合和形体塑造能力将构思顺畅地表达出来。

③综合能力

建筑的构思不能始终停留在概念阶段，必须通过不断地深化发展使其最终得以实施，这就要求设计师在设计的整个过程中具备相当的统筹能力、分析能力、处事能力，即设计师在整个过程中要起到综合协调的作用。

（2）客体——设计依据

客体是指设计中面临的诸多客观因素与条件，主要包括环境和建筑本身的条件。

①自然环境

包括地形地貌、水文、绿化、气候等自然因素，建筑构思应尽量利用其中的有利部分，规避不利之处。

②人工环境

例如，已有的建筑、交通和设施环境对构思的形成也会有影响，应趋利避害。

③社会环境

社会基本的审美趋势、人们某些共同的思想意识都会影响构思的形成，如果构思与这些需求相悖，将很难被接受。

④建筑项目要求

主要包括业主、委托方的需求，需要根据现行的国家法规、规范、标准及地方规定，以及项目本身的经济技术指标等要素来形成构思，否则构思就是空中楼阁。

（3）本体——建筑载体

本体是指建筑设计的图纸、图像、模型、文字说明等。图纸、文字是传统的、主要的设计构思表达方法，但建筑设计往往面临复杂的技术问题，因此体量模型和计算机表达也成为当今主要的表达方式之一。

综上，不同的创作主体面临相同的客观条件时不可能产生相同的构思，即使同一个设计师在不同的时间面对相同的项目，也会由于思考的侧重点不同而得出不同的结论。

（二）建筑环境艺术设计的构思方法

设计师应该提前进行考察研究，对环境和人文需求进行综合的数据收集，并且需要针对所要解决的问题进行分析，尝试寻找初步的解决方案，在准备阶段要加强对项目的理解，分析项目背景，通过对环境地域的考察进行资料信息的收集，其中包括城市规划的政策要求、市政环境、地域自然条件、工期成本的需求，还有部分特殊要求等。设计师在发现问题时需要将问题进行激活，通过长期的建筑环境设计经验将问题放到建筑环境艺术设计中，并用经验和知识进行有针对性的解决，创新设计思维，解决问题并缔造更加健全的设计方案，提升方案的合理性。在基础的建筑环境艺术设计方案确定后，需要针对设计施工的各项技术和环节进行实践和调整，将设计思维和设计理念实践化，紧密联系实际的施工现场。对于设计的构思要充分结合现场施工的状况，与各个环节的施工技术密切合作，避免出现施工问题。

1. 建筑环境艺术设计构思方法的双层结构模型

建筑环境艺术设计构思方法中的双层结构模型设计是将建筑环境艺术设计从深层结构和表层结构两个方面进行构思的分层设计，深层结构模型是对逻辑思维和非逻辑思维两种形态的研究，对于设计模型从正向思维进行设计分析后，会再从设计模型成果的逆向思维探究、分析设计模型的实用性，保障设计全方面地满足设计标准。对于多维度的设计理念分析，要增强设计的全面性，避免造成施工成本浪费等问题。深层结构会生成表层结构，表层结构的状态也直接反映了深层结构的思维特点。

2. 建筑环境艺术设计构思方法的深层结构

深层结构中，逻辑思维可以分为普通逻辑思维、形式化逻辑思维、辩证逻辑思维三种阶段，普通逻辑思维是对人们日常的行为规律进行逻辑研究，并融入设计思维中，而普通思维解决不了的问题就需要进行严密精确的形式化逻辑思维解决，对于一切事物的发展规律需要进行辩证逻辑思维的运用，促进科学规范的设计构思的形成。而非逻辑思维是指想象思维、直觉思维、灵感思维等较为抽象的思维理念，这存在于人们看待事物的角度，更贴合文化和艺术性，能够突破传统体系，提升思维的活跃性和能动性。

3. 建筑环境艺术设计构思方法的表层结构

表层结构中对于发散思维和收敛思维的运用较为广泛，对于不同的建筑特点进行发散式的思考，同时收集不同的信息，保障设计构思的独特性和创新性。而收敛思维恰恰是通过合理规范的逻辑将原有的经验和知识进行重新组合，通过不同的角度进行设计内容的分析研究，并且对正向思维和逆向思维需要进行全面的实践探究，从正反两个角度进行设计推论，提高设计的严密性。与此同时，加强求同存异思维的运用，从相同建筑方案中寻求设计帮助和引导，并从不同的建筑方案中进行分析其特殊性，在此基础上进行设计方案的创新突破，突出设计的独特效果。

建筑环境艺术设计思维的创新要加强构思的多元化探究，抓住构思的方法，对建筑的风格和结构进行多层次的设计分析，通过不同角度进行设计实用性和效果的探究。在建筑环境艺术设计过程中，加强一维和多维的思维运用，分析建筑环境艺术设计中的特点，通过多种思维创新方式进行实践操作，探究设计的针对性和实际效果，提高建筑环境艺术设计思维在建筑中的先进性和实效性。

(三) 构思的推进过程

在建筑环境艺术设计的过程中，针对不同阶段的设计目标，有着不同的构思内容。已有的知识和经验及设计师的思维定式经常会影响到构思的发展方向。而新的情境和问题则会给构思带来直接的困惑和挑战。在设计中，设计师需要思考的内容众多，选择何种构思类型以展开有效的构思至关重要。

建筑环境艺术设计构思可以根据构思发展的思维特点将其分为"意念构思"和"意象构思"两个类型，在构思中对其进行单独考察。"意念构思"和"意象构思"分别代表着为形成不同的创作意图所进行的不同形式的思维活动。"意念构思"的结果是产生概念性的意图，"意象构思"则产生形象性的意图。它们一般可以独立地进行，并表现出各自的阶段性特征。同时，它们又相互联系，互为因果。在建筑环境艺术设计构思中，"意念构思"和"意象构思"这两种模式是否都能有效地独立展开？从实际观察中，我们得出结论："意象构思"通常为设计师所重视，"意念构思"则经常处于似有似无的状态，常常成为事后的拼凑。实际上，"意念构思"和"意象构思"不单可以独立地进行，而且"意念构思"有必要作为独立的阶段予以重视。一个好的作品构思，必须在两个方面做到极致，既要有好的表达又要有好的立意。

除了上述的基本分类外，我们还可以从不同的观察角度继续对建筑环境艺术设计构思予以分类，以加深对各类构思模式内在规律的理解。

1. 总体构思和局部构思

按照构思发展的阶段性或思考内容的层级性，可以将建筑环境艺术设计构思划分为总体构思和局部构思。（按照三分法，也可以将建筑环境艺术设计构思划分为总体构思、局部构思和细部构思。）

（1）总体构思

总体构思是从整体的角度对设计作战略性的思考。包括对设计问题的全面综合考虑，建筑与所处地段环境的关系问题，设计发展的大方向，建筑物的大致形体，建筑风格的大致把握，设计师意欲表达的概念意图，总体布局的意象和构想等。一般说来，总体构思是以概括的语言（意念的和意象的）表达出来的。在实际设计中，那种高度概括的概念性草图往往十分引人注目，而隐藏在意象背后的设计师的主观意图则常常为人所忽略。

（2）局部构思

局部构思（含细部构思），则是对整体中的某个方面或部分，做深入具体的构想诸如建筑物平面关系的推敲，立面造型的细部处理，空间体型的构成组织，内部装修乃至装饰细节的设计推敲等，都是局部构思的内容。建筑设计的各个阶段，都存在着总体性和局部性的构思，二者的关系表面上有一定的次序，实际情况则因人而异，其不是一成不变和界限分明的。总体构思中包含着细微的要素，局部构思中也不时有总体的影子。总体构思的结果是对整个设计思路的定性，是对整个建筑形象的概括把握；局部构思则是对总体构思的深化与实施，它一般服从总体构思。设计师不仅应在总体构思中做出富有成效的战略性思考，同时还要具备把总体意图贯彻到具体设计每个方面中去的能力，也就是深化构思的能力。即便在最微小的细部，也都能精心构想，使总体意匠得到最完美的体现。

对设计师而言，从一开始就要注意从整体的角度开展构思，不拘泥于细部，并能不时克服"离异性"意念的困扰和诱惑，这是保证构思大方向正确并得以完整实施的重要保证。在构思的初期阶段，要把对总体的构思摆到第一的位置。当然，从局部构思入手而展开全局性的构思，这样的特例也有。一个经验丰富的设计师就往往能够灵活地在这两种构思模式中进行无缝转换。

2. 操作构思和想象构思

从构思发展的实际运作状态可以将建筑环境艺术设计构思划分为操作构思和想象构思。操作构思主要指通过视觉语言（草图、模型等）的图示操作得以实现的构思，想象构思则指通过大脑中的想象得以诞生的构思。前者侧重于实际操作，有时操作本身代替了思想进程，后者偏重想象，但想象最终要通过表现得以落实。

3. 因袭构思和创意构思

根据构思结果的新颖性程度可以将建筑环境艺术设计构思划分为因袭构思和创意构思。因袭构思是指依据以往的经验和知识，沿着固定的思路，习惯于套用各种习见样式的保守的构思方式。这种构思缺乏生气，平平庸庸，却是大量的。创意构思则是指有创意的构思。因袭构思因为考虑问题四平八稳、面面俱到，照搬范式因此缺少创意。创意构思则富有创见，与众不同。它具有两个重要特点，即新颖性和独特性。"新颖"意味着不墨守成规，破旧布新，前所未有；"独特"则指不同凡俗，别出心裁。

根据创造心理学的理论，所谓的"创意"，只对个人有意义，可以不考虑外界的评价。也就是说，只要自己的设计与以往的有所不同，就可以称得上有

"创意"。这种说法对初学者来说算是一种安慰式的激励策略。对设计师来说，自以为是的"创意"最终需要接受外界的评价考验，只有为大多数人认可的创意，才真正算得上具有创造性。

4. 个体构思和群体构思

按照构思生成主体的性质可以将建筑环境艺术设计构思划分为个体构思和群体构思。个体构思是指由一个设计师独立进行的构思。群体构思则是指由一个设计小组或团队共同完成的构思。个体构思是一个个体的思考行为，比较容易把握和理解，效率取决于设计师的个人能力。群体构思由于涉及人员的组成结构及小组成员之间的协作方式，所以要比个体构思复杂一些，更需要注意设计的协作效率。

此外，意念构思（尤其立意）的陈述与否，对个体构思和群体构思的作用是不相同的。对个体构思来讲，立意即使不陈述，关系也不大。但对群体构思来说，情况就不同了。如果没有一个明确的共同认可的立意，整个群体就缺少了共同努力的方向，进行意象构思时也会各走各的路。因此，从一开始就在群体中酝酿明确的立意对意象构思的顺利发展是良好的保证。

5. 情境构思和理念构思

根据构思展开的起点选择可以将建筑环境艺术设计构思划分为情境构思和理念构思。无论何种构思方式，都有一个构思的出发点或立足点选择的问题。原则上说，从哪个角度入手能够收到更好的效果，只不过是反映了设计师的个人创作习惯，并无高下之分。但我们也可以从此区分出两类不同的构思模式，即情境构思和理念构思。

情境构思是指一切从客观条件出发，从设计的具体情境中产生的构思，设计师从特定的任务条件出发，展开务实的想象，不带任何偏见地投入创作。任何情境中的要素都不被放过，任何可能性都受到严格的考查。设计师忠实于用户的要求、业主的意愿及建筑自身的逻辑性。理念构思则相反，它是指设计师从自己的主观理念出发，纯粹表达自我理想的构思。设计师构思的目的不是指向用户的客观需求，而是指向自己的主观理念，甚至为了这种理念，可以牺牲用户的舒适度，不顾结构的逻辑，否定通常的准则。

由于构思阶段需要考虑的内容众多，比如功能方面需要考虑流线关系、空间体量、通风采光等，技术方面需要考虑结构选型、构造技术、材料设备等，艺术方面需要考虑风格取向、个性表达等，环境方面需要考虑场地特点、历史脉络等，经济方面还要考虑投资限制，以及业主的自身需求等，对于这些内容来说设计师一般是不可能同时着手解决的。有些方面的内容凭以往的设计经验可以比较快地得出判断，有些方面则需要斟酌再三。因此，在构思的初始阶段，都需要一个"切入点"。这就是建筑界通常提到的"构思类型"，如功能构思、技术（结构、建构、材料）构思、形象构思、环境构思、文脉构思、哲理构思等。这些类型，都可以归入情境构思的范畴。在设计中，因为有太多的影响因素、选择和评价标准，使得不断追求相对最优成为构思过程中不间断的任务，构思出发点的取舍往往起着不可忽视的作用。

在理念构思中，由于设计师的个性化理念或观念代替了意念构思中的立意内容，成为意象构思活动的核心。因而，理念构思通常不受任务、条件变化的约束，它可以出现在这个设计中，也可能出现在另一个设计中。从某种意义上说，理念构思就是为把设计师的创作观念或设计概念运用到各种不同的设计对象中所进行的思维活动。大凡拥有某种独特观念或概念的设计师，都会自觉或不自觉地运用这种构思方式。

为了表达自己的理念，很多设计师把设计私人别墅或小住宅作为试验自己理论和构想的最佳途径。很多精心设计的小住宅因此成了设计师个人哲学观念的代言词。正是这些功能简单的住宅建筑，给设计师的想象力提供了充分施展的余地，也给设计师五花八门的设计哲学和构思提供了试验的机会。波特曼说过，设计师要表达自己的哲学思想，探索建筑的真谛，最好的办法就是从设计自己的住宅入手，设计师既是设计者，又是业主，因此完全能够随心所欲地表现自己所要表现的内容，成功与失败都只归于自己。

应当承认，多数设计师习惯于采用情境构思，只有少数概念化的设计师敢于运用理念型的构思方式。当然，工程项目的性质、设计师对该类型建筑物的设计经验，以及业主的信任程度都对设计师构思方式的选择造成了明显的影响。

（四）从审美心理对建筑环境艺术设计进行构思

我国的建筑环境设计快速发展，建筑设计师依照人们的现代审美需求，对各类建筑进行不同形式、不同风格的构造分析，以完成艺术建筑美学的设计。为了完善人们的审美感受，设计者往往别出心裁，从不同的艺术环境设计思路中发觉适合建筑审美需求的文化标准。

1. 自由阳光的审美设计

目前的各色文化建筑艺术设计大多崇尚艺术审美的自由化设计，这与建筑文化设计的基本生活状态息息相关，人们在生产过程中发现文化建筑基本设计思路，并对建筑艺术的其他艺术感染力水平进行判断。文化建筑设计与人们之间的关系具有一定的特殊性，文化建筑艺术直接代表了人们对于文化、环境、审美的标准性认识。按照现代审美艺术发展的需求，对文化建筑艺术要进行多元化的思维认识。总结建筑艺术的审美设计标准，即为带有自然化、阳光化的设计审美。我国的文化底蕴积淀较深，我国古代的现代文化建筑对世界文化建筑具有重要的影响。传统文化、建筑设计思维的传承改变着人们的审美标准，艺术文化环境设计在文化建筑发展过程中实现了历史性的文化转折。人们的思维、文化是不断发展变化的，受历史文化、新审美标准的影响，逐步实现了自然、阳光的文化思维品质认识。

2. 多元化的需求标准

审美的多元化需求标准主要是对受众群体的需求感受形成非单一的立体审美体验效果，是对用户给予多元化的文化艺术审美感受认识，而非单步的文化风格体验分析。现如今审美的美好体验和感受是需要视觉艺术容易判断的，依照每个人实际的感受协调发展认识水平，综合现代审美体验标准，形成具有多生物群体感受的认识效果。在建筑方面，感受的实际空间和协调作用是相互的。建筑本身是具有立体化信息的工程，是多方面、全方位的感受认识。文化建筑中对环境设计、色彩、形状、方位等多方面的视觉刺激，形成了良好的试听感受认识，各种草木、花朵通过嗅觉使艺术审美设计品质得到了提高。这些不同的审美艺术体验需要有综合的效果，通过全方位的综合体验，实现对不同艺术环境设计的合理发现，加强人们对审美感受的认识水平，实现全方位的自然环境感受认识。环境艺术的审美设计师需要与自然状态的融合的，通过自然化多品质感受的融合，实现整体多标准的一体化建设设计，确保建筑艺术审美的整体标准。

（五）从文化发展方向对建筑环境艺术设计进行构思

现代社会艺术形式、建筑风格层出不穷，人们在生活基础保证之余加强文化建设的发展，各色艺术形式为文化发展体系建立了良好的基础。文化建筑是现代社会设计发展的重点，针对不同的阶层、不同等级文化进行交流和分析，以确保各个文化方面交流之间的积极性。

1. 文化设计发展特点

从建筑目标发展中分析文化建筑环境设计发展的特点和重要性，文化建筑的环境艺术表现形式是在人们的审美体验中深入地分析日常生活中的文化建筑标准，对可能影响人们行为举止的审美观表现进行分析和认识，确定人们审美潜意识中的设计特点，提取文化设计内容，形成具有结构表现形式的发展特点。

2. 文化的传承

传统文化中建筑设计往往具有国家的文化思想特点，建筑设计风格直接代表了国家历史文化的发展思路，具有国家传承性和代表性。分析文化建筑中建筑艺术设计的特点，对建筑国际文化交流标准进行角色特点分析，利用抽象建筑艺术表现形式，充分开拓民众视野，丰富文化历史发展作用的表现形式，从而有效地推进现代文化建筑艺术设计的有效融合性。例如，中国故宫建筑的设计受当时皇权的影响，是皇帝居住、朝会、供奉神佛的地方，依照文化历史的需求，每一个宫殿在设计上都具有不同的设计特点。其中堂是处理政事的地方，阁是用于远眺、藏书的地方，楼较阁的规格低，门多以院落组成，代表着内外区别，例如太和门、午门等。

3. 时代发展特点

建筑文化设计的环境艺术形式是依照人们不同时期的审美发展特点不断变化、不断改进的。建筑艺术发展形势的改变受时代关系的影响，是建筑艺术审美变化的重要因素。在不同的历史文化社会背景中，由于受社会、文化等各因素的影响，人们的审美艺术思维发生着变化，风俗习惯、传统文化都受到了直接影响。

现代建筑设计的审美受环境艺术的影响是极其深刻的，设计师为了有效地迎合当时的社会和文化需求，往往需要对人们的情感认识体会进行具体的分析，使设计充分贴近实际的生活状态，在方便生活需求的同时提高艺术文化设计效果。通过对建筑文化环境中艺术设计审美的需求认识，对建筑环境艺术的时代性、文化历史性、设计性进行综合性问题分析，充分加深了艺术文化设计建设的设计思路，为现代建筑设计提供了良好的设计空间。我国的建筑设计需要对现有的环境需求进行考量，通过分析建筑需求者对艺术审美设计需求的心理状态，分析当下时代背景和社会发展水平，准确地把握现代艺术建筑设计的发展思路。

二、建筑环境艺术设计构思的表现方式

（一）图示表达——图解思考

具体来说，在设计构思的开始阶段——意念构建阶段，设计师最初的设计

意象是模糊的、不确定的，设计表达能够把设计过程中有机的、偶发的灵感及对设计条件的协调过程通过可视的图形记录下来。随着构思的深入，进入到了意象形成阶段，对建筑各方面实际条件需要进行不断的协调、评估、平衡，并决定取舍，经过反复推敲使意念阶段逐渐成为可以具象表现的雏形。

（二）模型表达

模型表达在构思阶段有着非常重要的作用，与图解思考类的图示表达相比较，模型具有直观性、真实性和较强的可体验性。它更接近于建筑创作空间塑造的特性，从而弥补了图示表达用二维空间来表达建筑的三维空间所带来的诸多问题。借助模型表达，可以更直观地反映出建筑的空间特征，更有利于促进空间形象思维的进程。国内外许多设计师和事务所都很注重运用模型这一手段来推敲方案。以前，由于模型制作工艺比较复杂，其在构思阶段往往很少使用，但随着建筑复杂性的提高，以及模型制作难度的降低，工作模型或研究模型在构思阶段的应用越来越普遍，越来越受到设计师的重视。利用模型进行多方案的比较，直观地展示了设计者的多种思路，为方案的构建、推敲、选择提供了可信的参考依据。

构思阶段的工作模型相当于完成设计的立体草图，从表现内容看可以分为以下两种类型。

1. 以表现、探讨整体场地环境与建筑关系为主要目的的模型

表现形式更注重环境与相互关系的协调性。这类模型表现的重点是首先要建立场地模型，客观反映出场地环境的情况，尤其是设计前场地的原有情况，包括场地的地形和相关设施等，建筑物往往由于刚刚开始构思，还未形成完整的方案，通常以简洁的整体性表现为主，就能体现出基本形态的本质特征，关键是要分析出建设基地与场地的关系，以及建筑整体形态与场地环境形态的协调问题。这类模型主要是用于设计初期推敲环境与建筑关系的工作模型。

2. 以表现、探讨建筑形态及体量关系为主要目的的模型

表现形式在于建筑物或构筑物形式关系的对比和协调。这类模型以建筑物或构筑物的单体模型为表现形式，前文我们提到大部分建筑造型的原型出发点都是几何形，因此建立模型时首先应将构思的各种形态要素制作成相应的集合体模型，然后运用类似搭积木的方式进行组合推敲，可通过堆积、删减、延伸、变化、调整、变异等多种方式进行组合，这类模型主要是用于构思、推敲阶段的工作模型。

（三）计算机表达

计算机是近年来在建筑设计领域迅速得到广泛应用的一种表达方式，它的强大功能使得它在图示表达与模型表达的双重特点上显示出了巨大潜力，它使二维空间与三维空间得以有机融合，尤其在构思阶段多方案的比较中，利用计算机可以进行多种表现，例如，可以从不同观察点、不同角度对其进行任意察看，还可以模拟真实环境，使得建筑的形体关系、空间感觉等一目了然，与模型相比，可以节省大量机械性的劳动时间，从而使构思阶段的效率大大提高，有效推进构思过程。但是，正如前面所提到的，人的思维过程在用计算机表达的"转移"过程相当复杂，计算机表达的前期投入也非常巨大，只有在完成前期的准备时，它的效用才会发挥出来。

计算机表达是多种表达方式中最有前途的一种，它的优越性有待进一步开发和应用。由于计算机的应用，许多人的构思阶段也发生了相应的变化。比如弗兰克的设计程序先是依据灵感勾勒草图，然后根据草图做出原始的工作模型，并在此基础上建立计算机模型进行比较推敲。

总之，图解思考、模型表达和计算机表达是构思阶段的三种主要的表达方式。它们各有特点，对构思阶段的进程有着不可缺少的作用。在建筑设计的构思阶段将三者有机地综合运用，可以充分发挥各自的优势，弥补彼此的不足。一般来说，在构思的早期阶段，多用图解思考来发现问题、分析问题，形成最初的建筑意象，而模型和计算机表达主要用于多方案的比较选择，使建筑意象更直接，更接近真实。

第二节　环境艺术设计教育的发展

一、环境艺术设计学科的特征

本质上讲，环境艺术设计是给人带来美，让人们享受美的一门学科。它的发展是从原始社会人类劳动中来的，并在工业化社会中形成系统的理论体系。在近年，受到新材料新技术的支持，环境艺术设计出现了丰富多彩的发展成果。环境艺术设计是艺术设计的重要组成部分，这一学科的发展，既有社会无意识的经验积累，又有西方特定设计学派的具体规范和引导。可以说，这是一个年轻而又古老的学科。与工业设计不同的是，环境艺术设计追求艺术与技术的统一，对人的身心有更为隐秘、更为直接的影响。我国艺术类高等学校，普遍开设了艺术设计课程，面对信息化社会发展的趋势，我们要更新教育教学观念，培养新一代艺术设计人才。

（一）环境艺术设计的内涵和发展历程

环境艺术的概念很广泛，不仅包括环境与设施的计划、空间的装饰、造型的构造与表现等艺术设计手段，也包括理论性知识如采光量的计算和心理学的感知。环境艺术是审美功能与使用功能的体现，是技术与艺术的结合。环境艺术设计是二战后突然兴起的，随着各国经济的飞速发展，对于生活品质的更高要求成为市场动力，相对稳定的环境也为艺术设计提供了保障。狭义上的环境艺术设计，是一门新兴学科，是新艺术运动的后期体现，但是关于艺术设计的概念，实际上在古代就已经很丰富了。环境艺术设计是从人类生活活动中分化出来的。每一个时代的环境艺术设计，无论是所表现的内容，还是为适应其内容而运用的形式，都根源于那个时代的社会生活。不同时代的环境艺术设计具有不同的特点，即便是同一时代的环境艺术设计，在不同的地区也具有不同的特点，呈现出区域特色。

在原始社会时期，人类进行磨制石器、制作工具、在岩壁上作画记事的过程中，实现了最基本的艺术创造。这一阶段的环境艺术设计与原始人类的生活直接融合在一起。贵族们追求金碧辉煌的形式，贫民们追求朴素的形式，而各宗教则喜好高大威严的形式。农业社会的环境艺术设计的发展是巨大的，这是由于当时的背景所决定，在环境艺术设计上取得的理论成果并不太多。工业社会出现了较为系统的设计理论，从此艺术设计成为一个专门的学科。在此基础上，产生了一系列艺术运动，包括工业美术运动、新艺术运动、青年风格运动、分离派运动等，以至环境艺术设计的发展也是多样的。二战后，现代意义上的环境艺术设计理论逐渐形成，即与传统的建筑、家具设计、工艺美术相区别，又在大范围上包含其中的内涵，随着新技术新材料与设计手段（如计算机辅助设计）的出现，环境艺术设计也出现了较大的改观，朝着科技化方向发展。

目前，环境艺术设计有以下几种发展趋势。首先，独立性和容纳性更强，与多学科、边缘学科的联系和结合趋势也日益明显。其次，适应于当今社会发展的特点，趋向于多层次、多风格。即艺术设计由于使用对象的不同、建筑功能和投资标准的差异，明显地呈现出多层次、多风格的发展趋势。再次，专业设计进一步深化和规范化的同时，大众参与的势头也将有所加强。最后，设计、施工、材料、设施、设备之间的协调和配套关系加强，在设计中更多地考虑可持续发展的要求。

（二）环境艺术设计学科的特点

环境艺术设计学科的特点大致分为四点。首选是综合性。环境艺术设计是一项极其综合的系统性行为，包含着与之相关的若干子系统。它集功能、艺术与技术于一体，涉及艺术和科学两大领域的许多学科内容，具有多学科交叉、渗透、融合的特点。其次是独立性。环境艺术设计可细分为室内环境设计、外环境设计、公共艺术设计、工艺美术设计，从不同的角度考虑，对于环境艺术设计的切入点是不一样的。建筑专业大多是工科培训体系培养出来的，在进行建筑时，会更多地从技术和理化性质方面考虑问题。工艺美术专业大多是艺术学科培训体系培养出来的，在进行相关工作时，会更多地从感性方面考虑问题。总体来说，针对不同的设计领域，设计也有所不同。再次是创造性。创造是设计的灵魂。环境艺术设计是创造性地对人的生活环境进行规划和提出方案的思考。环境艺术设计有创造性的特点，设计者的独创性思维是设计果实的源泉。最后是适应性。在环境艺术设计方面，它所涉及的范围应该远比现在广泛，围绕着建筑环境，小到一个标志设计，大到环境景观设计，都将是环境艺术设计师所要面对的工作，对知识面、知识结构的要求将更高。它需要有相应的能力来适应并担负起这样的社会角色和责任，对设计师的能力要求更高。

（三）培养环境艺术设计人才

现在环境艺术设计已经成为高校广泛开展的热门课程，培养的设计人才也是社会上紧缺的。我国在环境艺术设计培训中出现了一些问题。首先，盲目扩张，学校招生后却并没有提供足够的师资与硬件教学设备，造成教学质量参差不齐。管理放松，没有统一的教学方案，教学效果差。其次，过分强调技能的培训，忽视了对艺术感的培养。环境艺术设计是艺术与技术结合的学科，重在对人营造美的氛围，过分地强调职业技能培训，是舍本逐末的行为。过分强调市场效应，一味地跟着市场走，对学生的创新性培养不足，把设计当成一种纯粹的商业利益。过分地强调学生的就业率，从而致使教学工作偏离了正确的轨道。再次，依赖性较强，思维和动手能力较差。突出表现为过分对计算机的依赖，这打破了环境艺术设计原有的特性，难以真正实现设计艺术创新突破。很多学生错误地认为从事设计最重要的就是掌握好计算机相关设计软件而完全忽略了设计的创意。最后，设计作品表现力差，突出表现为对别人作品的模仿与借鉴，华丽的效果掩饰不了内容的贫乏，创新性极差。作品只是商业快餐，毫无生命力，这些都是环境设计艺术教育不足导致的。培养现代化环境艺术设计人才，学校和社会的教育应该做到以下几点。

首先，转变设计观念，加强导论教育。学校应该在新生入学时对学生进行专业导论教育。现在很多高校都是 2+2 模式，先经过 2 年的基础课学习，再经过 2 年的专业方向分流。根据教育心理学的要求，学生进校后，校方即有责任给他们画出一幅专业"导游图"，告诉学生学习环境艺术专业需要三套思维方式——"艺术家的眼光，科学家的态度，企业家的头脑"，让他们知道"喜欢彩虹就不能怕雨"的基本道理，加强他们的思想教育。

其次，加强艺术修养训练。环境艺术设计是艺术和科学的统一。艺术的特征在于其创新性和审美性；科学则在于它的不间断性、无穷性和非人性化的倾向性。环境艺术设计专业除学习建筑装饰材料、设计色彩和造型基础课程外，还应开设美学和艺术欣赏课程，培养学生的美感和对美的鉴赏能力、感悟能力和创造能力。让学生有充分的艺术审美能力和艺术创造能力。越是具有个性和创新的设计作品，则越受到市场的青睐和人们的喜爱，越能满足人们的需求。

最后，加强实习和社会实践环节。环境艺术设计课题的确立可在教学大纲规定的内容和范围内与企业结合，用实际项目进行设计教学，校内学习与社会实践相结合，扩大学生的视野，提高学生创新设计实践和适应社会的能力。学生由于结合真实设计项目，通过亲身实践获得直接经验。他们的积极性、主动性会大大提高，掌握综合运用所学知识解决实际设计问题的能力会得到增强，创新意识会得到培养，所以社会要向学生提供更多的实习和实践机会。

二、环境艺术设计的教学概念

(一) 对教学环境的内涵和功能的认识

现代社会，教学环境有广义和狭义之分。广义的教学环境是指围绕教师开展教学活动的客观世界，包括特定的社会环境和自然物质环境。它对教学活动起着一定的制约作用。狭义的教学环境是指环绕教师开展教学活动所依赖的具体的室内环境，它由以下两个方面的内容构成：一是师生关系环境，具体由双方的心理、综合素质和交流方式等因素决定；二是教学物质因素，包括室内陈设因素、装饰因素、多媒体和图像、音响等因素。这两方面内容相互依赖，相互渗透并和谐统一于一体。其中，师生关系环境在二者之中占主导地位。另外，广义的教学环境还应包括具体的室外教学环境。

教学环境对于整个教学环节来说十分重要，实际上其早就引起了中外一些教育家的高度重视。孟子通过其母"三迁教子"之事，深深体会到环境对人的教育影响至关重要，不无感慨地说："居移气，养移体，大哉居乎。"汉代贾谊在谈到太子培养问题时，说负责太子教育的三公和与太子朝夕相处的三少要"明孝仁礼义"，原因是，"习与正人居之，不能无正也……习与不正人居之，不能无不正也"。他还认为：环境中不仅有人的因素，而且有物的因素；环境的布置应当富于教育意义，在特定的场合使环境构成特定的教育情景，让人在不知不觉中受到一种潜移默化的教育。捷克大教育家夸美纽斯曾提出要改善和美化教学环境，要求学校有清洁明亮的教室、饰以图片和伟人照片等。我国当代一些著名的教师非常重视教学环境问题，例如特级教师魏书生在教学活动中很善于营造为教学所需的教学环境，总能以其独特的方法激活学生的思维，激发其学习的热情，从而能形成热烈的学习氛围。与此同时，他还很刻意地营造室内的物质环境，如办学习园地、挂名人画像、贴醒目的标语、养鱼种花，等等，特意创造一个既有浓郁学习氛围又充满大自然情调的教学环境。学生处在这种宁静、和谐以及充满灵动色彩的环境中学习，"会不知不觉地受到熏陶，受到感染"，自然而然学生更愿意去学习。

（二）典型的教学环境的特征

首先，师生活动在特定的教学环境中显得和谐统一。在教学活动中，师生双方通过一定的教学内容和教学手段发生有机联系。教师着力创造一个为教学所需的氛围，学生能由各种不同的心境转移到学习所需的心境上来。师生之间的知识与情感形成双向交流，并做到配合默契，相和相应，那么，一种与教学内容相适应的情绪氛围就形成了。这样，教师的讲授艺术发挥得淋漓尽致，学生的认知能力也发展到了极致，师生活动显得自然、和谐和统一，教学也会有很高的效率。

其次，教学环节具有浓郁的民主气氛。教师在教学活动中着力营造一种浓郁而热烈的民主学习气氛，从而充分调动学生的主观能动性，使之在较为自由、活泼的空气中积极主动学习。

再次，环境因素具有相对的稳定性和可变性。一般情况下，与教学活动相适应的教学环境具有相对稳定性，即教师每讲一节课所需的教具、色彩、图像、音响以及教学媒体等因素是一定的，不能随意更改，也指室内的陈设与装饰因素在较长时间内相对稳定。同时，教学环境中的有关内容应具有可变性，因为每一节课的内容各有特点，需要具有不同的特制的环境。即使讲同一节课内容上也会呈现出不同的特点。这就需要教师适当改变环境中的有关因素，使之能与教学内容更为和谐统一，提高教学质量。

最后，教学环境能体现出较高的审美价值和艺术情趣，用系统论的观点来看，教学环境的诸因素之间相互作用并构成一个有机和谐的整体。在这个系统中，诸因素均围绕教学活动构成一个具有较高审美价值和艺术情趣的大背景。教师那举手投足的美姿、富有磁性的激动人心的语言、洋溢着智慧和希望之光的和颜悦色的面容，体现出较高的审美属性，成为学生审美的主体对象。而学生在教师艺术的指导和富有魅力的点拨下，或全神贯注、孜孜以求，或质疑辩难、求释然于心，表现出一种积极向上的青春活力，这本身又是一种绝妙的"风景"。其中，还有鲜花点缀、灯光映照、色彩陪衬，偶尔还有美妙的乐音流淌……这是一幅声情并茂的图画，是一首洋溢着活泼灵动色彩的诗，体现出较高的审美价值和艺术情趣。总之，只有具备这四个特征，才是典型的教学环境，典型环境与教学活动相互依赖，相互作用并形成统一有机的整体。一方面，典型环境是教学活动所依赖的必需的物质条件和师生关系因素，教学活动是在典型环境中开始并发展的。另一方面，教学活动又促使典型环境的形成，两者相辅相成。

（三）努力创造典型的教学环境

1. 努力创造典型的教学环境要注意协调师生关系，形成良好的互动态势，营造良好的教学气氛

在课堂教学中，影响教与学关系的因素很多，诸如教师业务能力偏低、教法不当、讲课缺乏激情和感染力、学生纪律松弛、学习目标不明确、学习动力不足、学习方法不当等。这就要求教师一方面要逐步提高自身的业务能力，认真钻研教育理论，精心设计教法，提高课堂艺术的感染力。另一方面要认真研究学生的心理，利用其争胜心强、有搞好学习的良好愿望等有利因素，帮助他们端正学习态度，明确学习目标，交给其科学的学习方法，从而使之信心百倍

地投入学习。这样，当教师酝酿一种与教学内容相适应的氛围时，学生就会形成一种情绪反射，积极配合教师的教学行为，二者相和相应，于是一种与教学内容相适应的师生关系就形成了。例如魏书生老师为了帮助学生克服注意力不集中、记忆力差等毛病，着意开发学生人体和大脑的潜能，指导学生每天抽出一定时间练气功，结果使大多学生的注意力和记忆力达到了最佳状态，学习效果都有明显提高。

2. 创造典型的教学环境的方式方法应该灵活多样，因人制宜，注重实效

创造典型的教学环境的方式很多。教师在教学活动中可以以一种方式方法为主，兼顾其他，也可以综合运用多种方式方法，同时辅以挂图、标语、色彩、音响或一些现代化的教学媒体。但一定要因人而宜，既要符合学校和学生的实际情况，又能充分展示出教师的艺术个性，并且的确能有助于教学质量的提高。

3. 在营造教学环境时需要因地制宜，反对形式主义

教学环境的营造往往受制于学校的物质条件。学校条件比较好，老师可以充分利用这些条件去营造为教学所需的教学环境。目前大多学校尤其是农村学校，办学条件还很差，教室简陋，教学设施不齐，学生视野狭窄、素质较低，那么，教师应该从实际出发，采取适当的措施和方法，把环境营造得朴素、大方、热烈、欢快，学习气氛浓郁，同样能取得好的教学效果。那种超越学校物质条件和学生的实际情况，一味追求"时髦"的做法是要不得的。还要指出的是，教学环境虽然是影响教学质量的一个重要因素，但不是决定因素。因此，那种不重视研究课堂艺术和教学规律，而把精力都放在苦心经营教学环境方面的做法，只能将环境艺术设计教学引入歧途，适得其反，殊为不智。

三、环境艺术设计的教学的方法

（一）环境艺术设计教学观念

随着环境艺术教育的推进，人们对相关教育的信念、价值及教育活动规范会形成基本的认知与思想，这些针对环境艺术学科教育教学所形成的主张与意识就是环境艺术的教育观念。环境艺术教育观念随着社会发展的需要，自身也在不断地变革与创新，特别是当下的环境艺术教育观念通过对传统教育思想观念的扬弃与现实教育改革实践的总结，提炼出了符合时代精神需要的新环境艺术教育观念。这些新的环境艺术教育观念具有内在的特色与规律，既是当下现

实教育改革的需要，也代表着未来环境艺术教育观念与实践教育的发展方向，对环境艺术设计教学观念的研究与总结具有重要的现实意义。

1. 环境艺术教育的特色观念

我们从教育理论层面来看，环境艺术教育的特色观念包含两个主要内容。一个是促进环境艺术教育对象的个性化协调发展，另一个是形成环境艺术教育的特色化机制。现代环境艺术教育特色化的过程正是由这两个主要内容互相作用紧密联系而形成的。其中促进环境艺术教育对象的个性化协调发展是环境艺术教育特色化的最终目标，而形成环境艺术教育的特色化机制是形成环境艺术教育特色化的方法，没有目标就失去了意义，没有方法就不能保障目标的实现，方法为目标服务，从这个意义上可以说，环境艺术教育特色观念的实质就是实现教育对象的个性化和协调性发展。

我们要实现环境艺术教育对象的个性化协调发展，就需要着重做好两个教育环节。首要环节是改变受教育对象一贯被动学习的状态，能够积极主动地参与到环境艺术课程的教与学之中，并在此过程中实现真正的自我表现与发展。只有这样，环境艺术的教育内容才能真正做到因人而异、因材施教，让学生真正获得自己需要的、向往的、思索探求的，使受教育者在环境艺术的学习中获得归属感。在学习及运用环境艺术的过程中形成自己的个性思维。那么，如何才能让学生积极主动地参与到环境艺术的学习之中并形成独特的个性思维？这就需要做好另一个实践环节，形成系统而形式多样的特色化环境艺术教育教学模式，以实现学生积极接受环境艺术教育教学。在实际环境艺术教学实践中，传统程式化、填鸭式的教育方式与教学形式导致很多学生只对环境艺术课程中具有实用性、操作性等的感性实践类课程保持兴趣，而排斥理论、思维等抽象理论课程。由此证明在实践教学中，特色化环境艺术教育教学模式的形成是实现学生主动学习、实现个性发展的保障。因此如何使受教育者不断自觉地加强提升自身理论文化与综合修养是环境艺术特色教育实践中需要重点解决的问题，是现代环境艺术设计教学需要探究的课题。

2. 环境艺术教育特色观念中的民族文化观

民族文化观就是民族的、独特的精神文化面貌，世界上任何一个民族在漫长的历史进程中都会形成自己独特的文化与精神特色。民族精神是一个民族大多数成员尊崇的最高生活准则，环境艺术教育观念首先应将受教育者的基本精神生活规范涵盖在本民族精神特色之下。环境艺术教育应当承担弘扬极具个性精神化的民族特色教育责任，注重环境艺术设计本土民族化的引导。特别是在我国需要建立一套适应中华民族特性、适应本国国情的环境艺术教育体系，以本民族独特的面貌培养本土优秀的环境艺术设计师。不同的民族与国家都有自己独特的文化传统，把从传统中汲取的营养与时代需求相融合，就会孕育产生符合民族与国家时代精神的新的极具个性化特色的艺术设计形态。

经过历史检验与完善的这种艺术设计形态，终将发展成为这个国家与民族未来的传统成分。一个国家或民族独特的环境艺术设计风格也将在这种循环中变化发展。因此对于优秀传统文化以及由此衍生的传统设计风格的继承发扬，应融合在当今环境艺术设计师的设计理念之中。中国是一个具有悠久历史文明与厚重传统文化的国家，绵延发展几千年的中国古代教育烙上了鲜明的民族传统特色。现代环境艺术教育同样需要保持足够的民族特色，从而培养出蕴含中国文化特质的环境艺术设计师，为我国环境艺术设计事业做贡献。

对我国来说，当下的环境艺术教育要实现教育的本土民族化需要从两个方面进行探求。一是注重环境艺术教育中的人文教育成分。教育学生学习与环境艺术学科有密切关系的文、史、哲等承载着丰富传统文化内容的人文学科内容，以保持民族优秀文化的传播，二是对立统一地看待环境艺术教育中民族化与国际化发展的关系。如今文化信息全球化，环境艺术教育要坚持国际化与本土化相辅相成的结合发展，才能获得教育体系中本学科独特的地位与特色。具体来讲，在我国的环境艺术教育中融合人文教育可以从以下几个方面着手。

首先，我们要改变以往只注重环境艺术专业技能教授而轻视学生综合素质培养的教育态度倾向。比如，我们可以通过逐年提高环境艺术专业学生入学文化分数线的方式来提高入学生源的文化素养水平，在教育教学模块中增加与专业相关的传统文化课程比重来强化传统文化教育。通过选修或开设第二专业等形式强化学生的学科交叉学习能力，增强外语学习与信息处理能力，增强新技术新材料的获取与运用能力等。其次，在环境艺术教育课程体系规划中增加具有中国民族艺术特色的课程。比如，让传统工艺美术课程回归环境艺术教育课程体系之中，通过传统工艺美术教育中的民族、民间工艺课程学习，学生能够掌握传统设计符号表达，在设计中自发继承传统设计精神理念，培养对民族优秀传统的自豪情感。最后，努力转变现有环境艺术教育中"重技巧轻理论"的教学态度。理论指导实践，只有不断地丰富理论素养才能使得设计之路走得更远，因此在环境艺术教育课程规划体系中需要强化相关设计理论课程的教育。这些理论课程包括与环境艺术设计学科密切相关的设计史类、方法论类、工程管理类、法律法规类等丰富内容，只有这样，才能够学好环境艺术设计的课程。

3. 环境艺术教育特色观念中的地域差异观

正视环境教育的地域性差异是环境艺术教育需要考虑的问题，为此我们要保留并培养各地区不同的环境艺术教育特点。比如，我们国家地域广阔，民族众多，各地区环境文化与经济社会发展差异较大。这就要求各地区的环境艺术教育立足本地实际，保留各地方性传统文化特色在环境艺术教育中的体现，尊重强调各民族文化传统在环境艺术教育中的继承发展，还要正视由于各个地区经济社会发展的不平衡所要求的各个地区学校环境艺术教育目标的差异性。教育真正做到立足本地为地方服务，实事求是地为本地学生的个性发展与专业培养做出努力。另外，环境艺术教育的地域差异特色还体现在合理布局各地区不同层次不同培养类型的环境艺术教育体系建设上。实事求是地分析本地环境艺术人才市场需要，明晰自己的教育培养目标和培养模式，准确定位本地本学校的层次与类型，按照各自的教育目标，培养学生个性的全面发展只有扎根地区实际，挖掘区域特点，明确层次教育，专注自己的培养目标，形成自己独特的办学模式，才能让自己的环境艺术毕业生被市场认可，才能教育出优秀的环境艺术设计师，才能为社会做出教育贡献。

4. 环境艺术教育特色观念中的校园文化观

大部分教育是在学校展开的，谈教育就离不开学校，学校不同的教育环境会影响受教育者不同的个性发展。现代环境艺术教育同样注重营造自己独特的学校教育环境，抓好学科优势，突出环境艺术教育的个性化特点，这也就是如今环境艺术教育观念中的特色校园文化建设。校园文化建设的重心，是学校对各专业办学理念的尊重与支持，它直接影响着各专业在学校中的办学发展方向与方式，制约着学科的整体教育教学活动。良好的学校文化建设，经过长期的实践发展，即可成为学校特有的文化风范。独特的校园文化风范，有利于促进学生个性与特色学风的形成。由于环境艺术教育的独特性，拥有环境艺术教育学科的学校，在建立自己的独特校园文化时，应针对环境艺术教与学的特征，支持帮助环艺院系建立独立的与学科发展相适应的教育思想方法体系，营造具有环境艺术教育独特氛围的院系文化，这些都将融合涵盖在整个学校的校园文化体系之内，以实现各系科各专业文化既独立又互相交融影响的协调发展。具体来讲，可以丰富环境艺术专业及其相关学科的公共阅览图书馆；设立专门的环境艺术图书室及媒体资料室；定期举办环境艺术学术交流会；有计划地组织学生参加各种规模的环境艺术设计比赛与作品展；积极主动联合环境艺术设计企业，让学生有机会参与实际工程设计实践；建设具有专业文化特点的教学与生活环境等。以此来营造浓厚的环境艺术教育教学氛围，凸显出学校教育的文化特质。

各个国家与区域的环境艺术教育要承担继承和创新本民族与地域文化的社会功能责任，就需要在特色教育观念下形成自己的教育特色。各种层次的环境艺术教育体系要实现自己的培养目标，满足设计市场需要，也需要在特色教育观念下形成自己的教育特色。各个拥有环境艺术教育学科的学校要保障学生个性的和谐发展，同样需要在特色教育观念下形成自己的独特校园文化与办学特色。艺术教育中弥足珍贵的就是保持艺术本身的特色，在环境艺术教育中秉承特色教育观念，实践特色培养教育方式是环境艺术教育的重中之重。国外许多著名的设计大师们正是在学校或自我多种方式的特色教育理念下形成了自己的个性特征，坚持自己的信念与理论，并以此指导自己的设计实践，才创造出了那么多举世闻名的设计作品。相信在具有中国特色的环境艺术教育特色观念指导下的中国环境艺术教育，必将源源不断地培养出环境艺术设计人才。

（二）环境艺术设计教学方法

1. 优化教学管理机制

环境艺术专业的课程设置要引起相关管理者足够的重视。必须加强专业理论课程的教学，尤其是环境美学课程。目前，环境美学的研究主要是针对城市空间美学和建筑美学的研究，在城市空间美学和建筑美学的研究方面国内外的学术界已经达到了一定的理论深度，开设环境美学课程对学生专业理论素养和审美情趣的提高都有着积极的意义。根据实际情况制定"工作室制"，或者创办社会型设计公司。"工作室制"是指学生在接受统一的综合造型基础课和专业基础课的训练后，再进入专业导师工作室接受专业课程的学习，通过设计公司（工作室）建立既统一又灵活的教学管理机制，实践强化理论教学，让理论通过实践升华。高职院校一定要以灵活的方式办学，形成培养产品（即学生）与社会需求无夹缝，培养既懂理论又具有强有力实践经验的高技能型人才，才是学校教育的目标。

2. 创新教学环境

我们怎么培养既具有理论又具有强有力实践经验的高技能型人才？创新环境设计专业教学是处理基础课与专业课关系的保证，尤其是在"专业设计课"

的过程化教学中，通过多种渠道加强与社会的联系，让学生有更多的机会参与实际工程项目的设计，鼓励学生将公司的课题带到学校里来，在教师的指导下或课外小组中完成。或让学生参与教师接收到的工程设计项目，在设计的实践中，将课堂内学到的理论知识运用到实际设计中，并在实践中增长才干。创新教学环境，北海艺术设计职业学院在这方面走出了一条成功之路，专业教师既是教师又是名副其实的设计师。不少教师不仅承担人才培养的任务，而且在服务地方上大有建树，创办设计公司，担当设计总监、设计师，利用项目制引入教学，这些公司作为北海艺术职业学院环境艺术系学生的教学实践基地，通过实践先后承担完成了无数个设计项目，学生们通过实战设计水平明显提升，而教师也通过真实的环境教学及时发现问题、解决问题，提高教学水平和作品设计质量。

3. 服务和融入地方

对于环境艺术设计作品来说，任何一个物质形态的环境艺术设计作品，都有着不同的文化背景和内涵。这就要求设计师具有丰富的文化修养，设计出的作品要充分考虑当地的历史背景、人文思想观念、民族化特点、经济发展概况、人的思想演变过程等因素，使之具有民族化观念。只有这样，设计师才能通过表象。表现出以物质形态为基础的精神思想，才能对设计有一个全面深刻的把握，设计出符合当地民情、民风，易于被人们接受的民俗作品。所以说在课程体系建设方面要强调民族化观念、服务地方的概念，在基础课的设置上主动融入地方底蕴、地方文化。在环境艺术设计课题构思前进行深入的调查研究，要求学生设计构思前要完成的实地调查与分析研究，充分利用地图、照片和各种调查统计的表格与数据，说明环境特点，提出对环境建筑设计的构思制约性解决办法。教师们积极参与科研申报，通过项目立项开展科学研究，有效地解决在服务地方中存在的问题。在服务地方中，环境艺术设计课程的地方化有效加强。北海艺术设计职业的有效尝试，以项目促实践，以科研促教学，有效促进了开展服务北海的社会行动，也起到传承北海文化的积极作用。

因为环境艺术设计是一门实践性、创造性极强的专业，所以专业教师要优化教学环节，创新教学环境，不断通过教学改革和创新的举措，加强创造性解决问题的训练与创造性实践能力的培养。在培养人才中，通过科学研究不断探索新思路、新方法，服务地方，传承先进文化，发展我国的环境艺术设计专业。

第三节 环境艺术设计的发展趋势

一、环境艺术设计对现代生活的影响

环境艺术设计也是一门研究绿色艺术与科学的学科，主要分为两大类，即室内环境艺术设计和室外环境艺术设计。其细分又可以分为很多类，诸如城市规划、城市设计、建筑设计、室内设计、城雕、壁画、建筑小品等，这些都属于环境艺术范畴，并且都与人们的生活、生产、工作、休闲的关系十分密切。

（一）物质层面的作用

环境艺术设计是一种空间艺术形式，并与人类活动密切相关。满足人们在空间功能上的要求是环境艺术设计的前提与基础。环境艺术设计的作用之一就是全面构建人类空间生活模式，并由此潜移默化地影响人类社会的发展进程。

（二）精神层面

环境艺术在完成物质创造之后，体现的是文化的魅力和精神内涵。将为人类带来全新的精神空间感受。这与人自身的生存发展是一致的，在基本的物质需要得到满足后，自然会追求更高的精神享受。环境艺术设计存在的意义就是达成思想和实践上的统一。

二、环境艺术设计发展中遇到的问题

人类社会发展到今天，摆在面前的事实是，近 200 年来工业社会给人类带来了巨大的财富，并使人们的生活方式也发生了全方位的变化。工业化极大地影响了人类赖以生存的自然环境，以环境为主要对象的环境设计也发生了极大的改变。特别是随着森林、生物物种、清洁的淡水和空气、可耕种的土地等人类生存的基本物质保障的急剧减少，气候变暖、能源枯竭、垃圾遍地等负面的环境效应的快速产生，环境设计一改过去的发展模式，出现了新的发展趋势，但在这些新趋势中，仍旧存在着种种问题，等着我们努力去改变。

（一）环境艺术设计中社会参与度不高

环境设计范围广泛，包含着尤其与现代人们生活密切相关的市政设施设计、广告、绿化设计等，绝大部分单位承接或者有实力的公司进行设计时，对城市公众的建议和意见参考的不多，导致城市公共环境艺术设计流于形式，对社会公众的引导能力不足，不能够正确地反映出公众的审美需求。

（二）环境艺术设计与自然之间的关系处理协调不足

中国传统园林设计举世闻名，将人与自然之间的和谐相处做到了近乎完美。然而，现代环境艺术设计在处理自然因素上缺乏对其应有的关注，或者只强调功能的叠加而忽视了自然因素的重要存在。特别是在城市环境艺术设计中，片面追求高新技术与材料，造成了巨大的资源浪费，对自然资源应用甚少，在一定程度上致使人类与自然关系十分紧张。

（三）环境艺术设计方法更新滞后

环境艺术设计与时代联系紧密。在当今社会，个性特征已经成为一种显性特征，千篇一律的环境艺术设计缺乏时代气息。不能适应现代化、信息化的需要。穿梭在不同的城市，仔细观察会发现同样的景观会出现在不同的城市当中。虽然投入了设计精力，却丧失了艺术特色。对于成功的设计方案，人们竞相学习、参照无可厚非，但是不加修改的克隆，只能得到"东施效颦"的结果。

（四）城市环境管理模式落后

环境艺术设计与城市环境管理密切相关。在一定程度上代表着城市的形象，是宣传城市的重要窗口。当前，中国城市环境管理的漏洞在于对建筑设计、绿化实施、公共环境等的管理条块分割不明确，使得彼此之间协调困难，影响了环境艺术设计的整体质量。

1. 城市环境监管模式不合理

就目前而言，我国的城市环境管理主要是由建筑设计城建、规划部门进行管理，市政部门管理道路交通，林业部门管理城市绿化，环卫部门管理环境场所的日常维护等。而这种纵向管理模式很难使公共环境设计与日常管理协调统一，从而局限了环境艺术设计的整体质量，使得城市环境设计的艺术水平较低，缺乏系统性。

2. 在环境艺术设计过程中缺乏公众参与

现阶段，我国的环境设计，不论是市政设施设计、建筑设计，还是广告、绿化设计，都是由私有单位或个人进行设计的，无法广泛征求城市公众的想法与建议，致使城市环境艺术设计成为某些人个人意志的产物，成为设计者展示自身个性的平台，而不能与公众的审美需求有效结合。

3. 环境艺术设计方式单一

近年来，我国城市环境中广场简单化的大草坪设计方法，以及各种帽子工程等设计方法的广泛应用，致使城市环境艺术设计缺乏现代艺术特色。人们频繁地对陈旧设计观念的模仿更加催化了这种设计方式，从整体上显现出设计风格相似的局面，导致设计缺乏地方性和时代性风格。

4. 环境艺术设计与自然因素不够协调

从我国传统园林设计来看，一贯崇尚环境与自然的和谐，但现代环境艺术设计中对此的关注度却不够，设计师往往不能正确处理建设功能与自然之间的关系。通常而言，我国的城市环境艺术设计目前主要集中于各种高新技术和高科技材料的应用，而忽略了对自然资源的应用，不能充分结合自然功能，致使人类与自然的关系不够协调。

（五）当代城市环境设计欠缺美感

随着社会生活品质的提高，人们对城市环境设计的追求以及讨论度日渐提升，但当前我国城市的设计却存在无序、凌乱而欠缺城市主体的特色，作为环境空间设计应用最广泛的主体，城市的艺术设计前景却模糊不清，未能彰显不同城市的各种艺术特色。

1. 追求高度，不求风度雅致的大厦建筑

目前，随着社会经济的飞速发展，各大地区与城市群的建筑正在争先恐后地拔地而起，而这些高楼建筑背后隐藏的是巨额的利益竞争，因此商业项目都以追逐利益最大化为主，而忽略了环境设计的艺术美感，然而，随着社会多元化的发展，以及更多新兴的互联网企业与创新职能的诞生，我国对商用大厦及个人品质追求的自住公寓或者住房都提出了更高的要求，欠缺个性设计风格及缺乏自然元素的高楼大厦也逐渐被社会淘汰，取而代之的是设计感更为明显，以及符合人与自然均衡分布配置的环境设计艺术成品。

2. 冷色调的镜面工程无法体现城市社会的真实美感

在房地产与开发商的利益争夺战中，城市建筑在争取更大面积的商业价值时衍生了很多实用性差的"花瓶"式的作品。其无法为人类提供更实用的功能建筑，而是为了争取类似公共面积等的方式来设置大量华而不实的作品来提升用地价格，追求利益最大化，但是实用功能薄弱会导致人们无法体验到这种艺术美。作为城市环境最具实力的评委，城市居民才是城市环境中最直接的使用者，对应的文娱设施、社区服务等配套设置不到位，很难让在这里生活、工作的人们真实体验城市的设计美感。

3. 千篇一律的城市建筑群

城市建筑缺乏个人风格的设计，就算是当前的一线、新一线城市也逐渐变成风格相似的城市商圈建筑群。然而，当城市缺乏个性化标签时，就会导致建筑沦为一个功能载体，而无法使城市的历史、社会风情与风俗习惯等审美元素通过城市建筑来延续，也往往使得越来越多的游客对城市旅行体验无感。

4. 城市环境设计缺少艺术文明的沉淀

文化作为一座城市的时代特征，也是一座城市的内涵底蕴。文化更是容纳一座城市的精神内核。在这个多元化的社会下，人口流动频繁，而且充斥着意识思维的跳跃，当这种现实与精神层面都出现活跃流动时，城市如果欠缺长久历史的传承，以及坚定的人文精神底蕴的坚守，就会很难将这种活跃流动的多元文化聚集在一起，造成的只会是冲撞，然后分散这种不断延续的恶性循环。我国现时更多的城市环境设计只是一项建筑工程，而不是以宜居的城市环境作为目标，导致城市环境欠缺艺术文明的沉淀。

三、我国当前环境艺术设计问题的对策和建议

（一）通过各方协调，充分引导公众参与环境艺术设计

随着近年来环境艺术设计的日益复杂，决定了在环境艺术设计过程中必须采取多方协调，引导公众积极参与公共环境的设计，以达到公共环境的公共美化目的。

（二）重视地方性文化，采取地方特色文化设计

每个地方都有着独特的地域特色和不同的历史文化，环境设计要想充分体

现设计的独特性和地域性，就必须在设计中充分重视地方历史文化，只有这样，才能够有效地融合当地文化，形成带有地方特色的环境设计，实现人与自然、文化的和谐统一。

（三）充分结合高新科学技术进行设计

在科学技术迅猛发展的今天，我们的社会进入了数字化、信息化的时代，计算机的运用已经渗透方方面面。人民生活质量提高了，幸福指数增加了，活动范围的足迹也就逐步地扩大了，人际交流也越发密切。与此同时，对身边环境的要求也就越来越高。加之社会中的老年、儿童、残疾人等弱势群体，有不同于主流人群的行为和心理方式，因此对于居住环境的功能有着众多的要求，如精神性要求、功能性要求等，出于这方面的考虑，也应该对环境艺术设计进行深入探究，充分体现出环境设计以人为本的理念，实现环境设计的人性化。

（四）强化生态理念的设计核心

生态和谐是人类赖以生存的前提。人类对客观世界改造的同时也要对自然采取保护措施。从古至今，破坏自然环境的后果是极其严重的，对人类生活的影响也是巨大的。因此，环境设计必须始终引入生态理念。面对严峻的环境形势，而且站在人类长远发展的角度上，环境艺术设计有必要发挥积极的作用，在尊重自然规律面前不再是无能为力的，而是通过对现实环境的改变，实现人们的预期，与环境和谐相处。

（五）设计过程要力求美观大方

设计是为人类更加美好的生活服务的，环境艺术设计也不例外。在城镇化不断推进的过程中，城乡建设将为人们生活提供更多的公共服务，在公共环境艺术设计中，不断采用最新的科技手段，简化使用流程，既可以起到美化城市形象，提高城市美誉度的效果，又可以使环境艺术设计陶冶人们的身心，提升人们的精神价值。

（六）设计形式多样化

社会发展趋势更加多元，环境艺术设计也应顺应这一潮流。目前环境艺术设计比较常见的有技术流、生态流等。随着社会经济的逐步推动，人们对环境艺术的要求也会发生相应的变化，要求也更趋多元化。这就要求广大环境艺术设计工作者注意不同地域、文化层次需求的融合，以满足人们的多种需要。

四、绿色设计理念在当代环境艺术设计中的应用

丰富的物质生活水平提高了人们对生活环境的要求，在进行环境设计的过程中，需要体现出环保的设计理念，更要突出对人的关怀。另外，在进行环境艺术设计时，要能够使我们的发展空间朝向良好的方向发展，但与此同时也加速了对一些资源的消耗，对我们的生态产生了一些影响。为了更好地实现可持续发展，就要应用绿色设计概念，突出绿色环保理念，降低环境负荷，提高原材料的环保性。

（一）绿色设计理念的概述

1. 绿色设计理念的定义

所谓绿色设计，从表面意思上讲就是"绿色的设计"，在设计的过程中要将"绿色"贯穿各个环节。在现代环境艺术的设计中对环境的设计要体现出时代理念，综合地对各个系统进行整合，解决一些环境问题，使当前的环境资源能够被充分地利用，实现人与自然之间的和谐。

2. 绿色设计理念的新趋势

在环境艺术设计中，应用绿色设计理念是当前环境保护发展的一个趋势，能够更好地利用能源，创造出最好的设计。比如在进行室内设计室外化应用的过程中，可以分别将室内室外进行相互的延伸，扩大空间，这就需要我们设备和结构材料之间进行相互的协调，考虑空间的形式与功能，采用新的设计理念，把绿色设计融入环境艺术设计中。

3. 绿色设计理念所遵循的原则

在环境艺术设计的过程中，应用绿色设计理念，首先是遵循自然原则，要把自然原则贯穿每一个环节，协调人类与自然之间的关系，避免对生态环境造成一些消极影响，促进现代环境艺术的发展。其次是节约，在环境艺术设计的过程中，要明确设计主题，在设计的过程中优化设计方案，对一些不必要的资源要提升利用率，避免浪费。再者是要遵循安全的原则，这是对人类的一种人性化关怀。最后是要保持适度的原则，在满足消费者需求的前提下，适当减少

过度的消费。

（二）绿色设计理念在现代环境艺术设计中的应用策略

1. 明确环境艺术设计的任务，融入环保理念

设计者要把绿色设计理念贯穿环境艺术设计的每一个环节，加强对资源的利用，达到人与自然的和谐，在推行项目设计的过程中，要实现可持续发展，提升城市的容纳能力。因此在实际的设计中就要利用专业知识，充分利用自然资源，使我们设计的建筑物成为一个整体，同时在设计的过程中要明确自己的任务和地位，把环境设计和绿色设计理念进行结合。例如，深圳万科中心在进行环境设计的过程中，采用底部架空的技术，设计者在设计的过程中充分明确了自己的任务，利用自身技术和绿色建筑材料对周边的生态系统起到了一定的作用。同时采用渗水的铺面加强雨水渗透，这样对于各类景观能够起到一定的积极作用，同时设计者在进行施工时，使用当地材料以减少消耗，采用绿色的施工混合，同时利用可再生材料，并对回收的废物进行分类。

2. 提高能源的利用效率

在当前的社会中，能源是一个关键点。如果自然资源过度地消耗就会造成对环境的破坏，不利于可持续发展，所以在进行环境艺术设计的过程中，也要注重对能源的利用，提高能源的利用效率，减少能源的损耗。例如，控制水资源、光线、温度等；又如，我们在对建筑进行环境艺术设计时，要考虑到它的空间和门窗，以进行合适的采光，同时使环境空间中的能源消耗达到最小，以利于提高资源的利用率。如英国的诺丁汉大学在进行环境设计的过程中，设计师充分考虑了太阳的广度角和高度角，把光电板安置在中厅，这样可以使充分的阳光进入室内，同时这些光电板还能够为通风扇提供能源，达到节能的效果。

3. 促进对绿色材料的使用

在现代环境艺术的设计过程中，选取的材料应是环保的材料，也就是所谓的绿色材料。这样不仅能够解决在传统应用材料过程中所造成的一些资源浪费和环境污染，同时能够将绿色理念与其进行融合，在绿色材料使用的过程中可以降低对资源的消耗，提高资源的利用效率，发挥自然生态的绿化作用。同时，我们所选取的绿色材料必须是可回收利用的。这样可以更好地践行绿色设计理

念，有利于人们的身体健康，同时有利于资源的循环利用，以促进环境可持续的发展。

4. 重视对绿色设计的发展

设计师在进行环境艺术设计的过程中，要时刻关注当前技术的发展，要把这些资源的环保材料应用到我们的设计过程中。如在进行室内设计时，可以把一些过去使用的装修材料改为新型的环保材料，同时还要利用互联网来学习一些绿色设计的创新。例如，如何把太阳光引入室内，挖掘太阳光的性能，使住户能够更好地去感受自然。再如，我们为了更好地引入太阳光，可以利用其顶部侧面进攻的方式，使自然光照的性能得到充分发挥，同时对收入光线的强度进行过滤，以更好地促进资源利用，使人与自然的协调展现出来。

五、VR技术在当代环境艺术设计中的应用

（一）VR技术的环境艺术设计发展

1. VR技术的融合

VR技术在环境艺术的设计过程中作用巨大，必将成为人工智能的核心，引领3D打印技术的发展，促进3D全息技术的进步。综合来看，VR技术向人们展示了环境艺术设计的内涵，能够为观众设计出新型的作品。VR技术的发展实现了创作方式的创新，打破了创作条件的约束，使得各个学科的内容更加密切。环境艺术设计涉及了多个学科的内容，其研究的重点是媒体设计和视觉设计，这一研究内容与VR技术完全吻合。VR技术与环境艺术设计的融合不仅仅是时代发展的需求，也是学科内容结合的前提，其促进了学科间的知识交流，向人们展示了新型的艺术设计形式，指引着环境艺术设计向着科学的方向发展。VR技术与环境艺术设计的融合属于一项新的模式，该模式既有着标准化的设计语言，又包含了复杂的艺术思路，极具新颖性。

2. VR技术背景下的艺术结合

VR技术带给环境艺术设计的发展程度并不确定，但唯一能确定的是其实现了艺术与技术的结合，即我们所谓的技术促进艺术发展。从此，艺术的设计不再单靠人们的思维，其还可以将技术看作艺术发展的动力。一个优秀的作品

必然与历史和文化相关，既包含了艺术的美感，又体现了人文精神。VR技术的融合使得环境艺术设计作品更加具有艺术特色，能够从多个角度带给观众艺术的遐想。所以，我们需要在设计的过程中融入技术元素，进一步丰富作品的艺术内涵。

3. 强调人文关怀的意义

设计师总是将人文元素融入自己的作品中，其目的是让观众感受到丰富的人性文化，进而赋予作品不一样的人文精神，让观众时刻心存感恩。VR技术最大的优势是视觉效果，其为观众塑造了不一样的艺术情境。VR技术并不是作品设计的灵魂，其只是一种简单的作品设计工具。在未来的时间里，人们所希望的是艺术与技术的共同发展，但需要注意的是，环境艺术设计永远无法被技术所替代，人文关怀才是环境艺术设计的灵魂，人文关怀无处不在。

（二）VR技术的环境艺术设计新要求

VR技术在生活中的应用越来越普遍，环境艺术设计师需要做的是分析VR技术的优势，进而实现VR技术与环境艺术设计的融合，在自己的作品中展示出艺术的时代精神。

1. 实现多元化素质的提升

时代的发展使得社会中出现了诸多新型的事物，传统的理念渐渐被新型的事务所替代，严重者直接被颠覆，对于环境艺术设计师来说，其必须学会如何提升自我设计理念，紧跟时代发展的趋势，最大化地展示出设计优势，只有如此才会设计出高质量的作品。首先来看，设计师必须了解科技的发展状况，如VR技术，随后分析科技发展给人们生活带来的影响，进而去学习先进的科技、掌握先进的科技，最终利用先进的科技，实现设计的完整化。现在来看，不少高校增设了环境艺术设计培训课程，其目的是培养设计师的设计理念。对于当代的设计师来说，如果只掌握一门技术，是无法设计出优秀的作品的，必须通过掌握多种技术，来提升作品的艺术内涵。另外，诸多设计师的设计作品都存在着知识结构单一这一问题，VR技术特有的空间处理方式实现了学科内容的交叉，进而强化了知识结构的多元化，最大化地弥补了知识结构的问题。

2. 改善艺术与技术间的不合理关系

VR背景下的环境设计师必须从新的层面实施艺术设计。环境艺术设计不再是简单的环境学科，其还包含了设计学科，即在技术的支持下进行作品的设计，实现作品功能与审美的结合。如果把形式美看作设计的目的，那么功能美就是设计的基础。新层面的审美理念既有功能元素又有技术元素，其实现了功能与环境的结合，真正做到了艺术角度的时代接轨。VR 技术的运用并不是任意的，其需要根据作品的需求进行调整，生硬的技术运用只会致使作品过于夸张，让观众失去观赏的兴趣。

3. 强调"人性化"设计元素的加入

环境艺术设计的灵魂一直都是人，即我们所谓的作品设计者和使用者。人性化设计属于一种社会诉求，其既包含了人们的愿望属性，又包含了人们的需求属性。随着社会的发展，简单的遮风避雨不再是人们所需求的环境，人们所希望的是一个具有艺术性和人文性的环境，其中艺术性主要来源于当代的工艺和先进的科技，人文性主要来源于设计师的设计理念。需要注意的是，无论科技如何发展，无论采用哪种艺术形式，"人性化"设计一直是环境设计的最终目的。

参考文献

[1] 徐争. 环境艺术与创意设计 [M]. 长春：吉林美术出版社. 2018.

[2] 袁珍媛. 实用剪纸创意设计 [M]. 济南：山东教育出版社. 2018.

[3] 简仁吉. 创意大师 环境布置创意制作大全 [M]. 沈阳：辽宁科学技术出版社. 2018.

[4] 危芳. 图形创意思维训练 上 [M]. 南昌：江西美术出版社. 2018.

[5] 王东辉，李健华，邓琛. 室内环境设计 [M]. 北京：中国轻工业出版社. 2018.

[6] 蒋磊. 教学环境创意设计手册 [M]. 广州：南方日报出版社. 2019.

[7] 夏铭. 室内环境艺术创意设计研究 [M]. 长春：吉林出版集团股份有限公司. 2019.

[8] 黄佳，谢璇，易锐. 环境艺术与建筑模型创意设计与制作 [M]. 长沙：中南大学出版社. 2019.

[9] 赵娟. 新媒体环境下平面设计色彩的创意设计及表现 [M]. 长春：东北师范大学出版社. 2019.

[10] 欧阳丽萍，曾秋，彭艳霞. 图形创意设计 [M]. 武汉：华中科技大学出版社. 2019.

[11] 李明江. 艺术设计思维与创意表达 [M]. 长春：吉林美术出版社. 2019.

[12] 谢明洋. 环境艺术设计手绘表现 [M]. 沈阳：辽宁美术出版社. 2019.

[13] 刘翔. 环境艺术与创意设计 [M]. 长春：吉林美术出版社. 2020.

[14] 刘晓晓. 室内环境艺术创意设计趋势研究 [M]. 长春：吉林人民出版社. 2020.

[15] 王东辉. 环境艺术设计手绘表现技法 [M]. 沈阳：辽宁美术出版社. 2020.

[16] 陈媛媛. 环境艺术设计原理与技法研究 [M]. 长春：吉林美术出版社. 2020.

［17］王萍，董辅川．环境艺术设计手册［M］．北京：清华大学出版社．2020．

［18］徐志华．环境艺术价值观［M］．南京：河海大学出版社．2020．

［19］刘翔．环境艺术与创意设计［M］．长春：吉林美术出版社．2020．

［20］阴焕荣．室内设计与环境艺术［M］．长春：吉林美术出版社．2020．

［21］黄旭穰，王栋．环境艺术设计与美学理论［M］．长春：吉林科学技术出版社．2020．

［22］蒋晓红．室内环境艺术设计研究［M］．长春：吉林出版集团股份有限公司．2020．

［23］黄超．中国传统美学与环境艺术设计［M］．长春：吉林人民出版社．2020．